山地情怀

科学家野外科考故事

包晓凤 编著

群言出版社
QUNYAN PRESS
·北京·

1958年唐邦兴参加国家体委登山队攀登珠穆朗玛在绒布冰川前留影

刘东生和同事在1962年至1964年间出版了《黄河中游黄土》《中国的黄土堆积》和《黄土的物质成分和结构》三本书

黄土高原

1977年丁锡祉先生与施雅风院士等在东川站合影

冰川考察队员攀登祁连山冰川　中国科学院寒区旱区环境与工程研究所供图

念青唐古拉山 刘丽娜 摄

南迦巴瓦峰　刘丽娜 摄

希夏邦马峰北坡分布着星罗棋布的冰塔林　图片由刘丽娜 提供

1982年成都山地所参加中科院综合考察委员会组织的横断山考察。段长麟在海拔2500米卧龙瞭望台的气象观测站指导当地气象观测员

1983年6月7日，科考队在雀儿山海拔5200米垭口合影

1983年6月高生淮等在四姑娘山海子沟海拔3400米科考就餐

1983年9月9日，在雪宝顶考察途中。左起文传甲、陈继良、刘淑珍、郑远昌等

1986年春，在渡口市（现攀枝花市）召开长江科学考察漂流探险论证会，成都山地所党委书记梁绍霖在会上发言

1986年中国长江科学考察漂流探险队到达上海受到孙鸿烈副院长的欢迎

1986年中国长江科学考察漂流探险队唐邦兴、孙广友、邓伟等在唐古拉山口合影

南迦巴瓦峰　赵旺林 摄

1998年张文敬在雅鲁藏布大峡谷穿越途中

水汽通道　赵旺林 摄

成都山地所专家在汶川地震极重灾区考察

崔鹏院士在芦山地震灾区开展应急考察

雅鲁藏布江德兴大桥　赵旺林 摄

丁锡祉先生：我国著名地理学家，成都山地所第一任所长，“山地学”概念的首先提出者之一

1980年6月，钟祥浩（左1）、陈继良（左2）、范文纪（右2）、陈富斌（右1）在贡嘎山西坡考察

1980年贡嘎山地理考察队队员在贡嘎山进行地理考察

1980年夏天，贡嘎山地理考察队队员在考察康定灌顶温泉。从左至右依次是：陈继良、辜建国、隋少川、李钟武　郑远昌 摄影

1987年5月，四川省政府海螺沟开发可行性考察组领队夏仲勋（右4）、刘祖仁（右5）等考察海螺沟冰川　图片由陈富斌 提供

来古冰川之一　姜军建 摄

1988年10月，高生淮等在贡嘎山考察海螺沟穿越2800米桦树林

1988年10月，中科院常务副院长孙鸿烈专程到海螺沟考察贡嘎山站建站可行性，图为孙院长（左1）在冰川上听取陈富斌（中左）汇报建站规划

1994年在完成对贡嘎山站验收回来的路上（磨西沟）遇前方道路塌方被堵情景

来古冰川之二　姜军建 摄

贡嘎山的垂直自然带，依据 1999 年钟祥浩、张文敬、罗辑所著《贡嘎山地区山地生态系统与环境特征》绘

野外科考途中，险象环生

1997年中国科学院院士姚檀栋（左）与美国科学院院士朗尼·汤姆森教授在希夏邦马峰进行野外工作

1997年中国科学院院士姚檀栋（前）在攀登希夏邦马峰途中

2004年中国科学院院士姚檀栋带队在纳木那尼冰川科考

贡嘎雪山　姜军建 摄

2020年5月28日，珠峰测高队回到大本营

序 一

刘洪海*

天下事，多奇妙，只有想不到，没有遇不到。当包晓凤同志命我为其新书作序，我的感觉就是如此。晓凤同志曾供职于多家中央级媒体，深耕细作，结缘八方，大家名家，结识多多。依我的拙见，作序者一般都是某一领域领军或代表人物。然晓凤同志念中国科学报社同仁之雅，坚持再三，我焉能再辞！

《山地情怀：科学家野外科考故事》是一部地质科考史，真实地描写了20世纪五六十年代，那批中国地质工作者的奋发图强和取得的重大进展，真是给我们今天的中国人提气。中国是一个多山的国度，目前960万平方公里国土上创造的一切财富，闻名世界的一切"中国制造"，山地考察都是最重要的基础之一。这部著作通过采访、搜集等方式获得当年参与这一活动的科学家们珍藏的记录、手迹、图片等珍贵资料以及他们讲述的亲身经历，呈现给读者一个波澜壮阔的英雄时代。

作为六大自然科学之一的地质学（其它为数学、物理、化学、天文、生物），是人类认识自然、开拓资源的核心学科，它处于人类与

* 刘洪海，国际欧亚科学院中国科学中心秘书长，高级编辑。

原生自然交往的第一线，辽阔的农村、繁华的城市、汽车、高铁、飞机，各种各样的油田矿藏和工厂，哪一项离得开地质科学？无论是农业文明、工业文明还是现代文明，都建基于地质科学的积累与进步。

毋庸讳言，中国现代地质科学引自西方。1840年鸦片战争，列强用坚船利炮强行打开中国封闭的国门，当时中国的有识之士奋发图强，主动引进地质科学等近代科学技术，从20世纪初开始，中国有组织的野外地质科学考察迅速发展。鲁迅先生曾著有《中国地质略论》，华蘅芳先生翻译有《地学浅识》，邝荣光先生编制我国第一幅地质图《直隶地质图》，所有这些，都让我们后人饱含敬意。辛亥革命后，孙中山先生组织的临时政府的实业部设置地质科，开始系统地培养中国自己的地质专门人才，建立地质科研机构，这代表了中国社会发展、民族独立和科学振兴的需要。即使在抗日战争的颠沛流离中，中国的地质科技的研究发展也没有中断，先后发现延长油田、玉门油田，发现江西一批钨矿，发现云南贵州的铝土矿、煤矿，为抗战提供了有力的资源保障。

新中国成立之初，国家经济建设急需矿产资源支撑，老一辈地质工作者将旧中国存留的地质资料和人才火种传承壮大。他们怀揣着“实业兴国、科学兴国”的梦想，在艰苦困难的条件下，用自己的脚步丈量祖国的山河，风餐露宿、筚路蓝缕地投身于野外地质科学考察工作，为中国的地质事业奉献了全部的热忱与生命。

我亦有缘，与本书绍介的刘东生、孙鸿烈、丁仲礼、秦大河、邓伟、姚檀栋、高登义、杨逸畴、李渤生等先生有过直接的请益，读着书稿，眼前呈现各位先生的音容笑貌，这种时空交互的感觉形成独特的阅读享受，其美好感觉实在难以与他人道哉。

读书就是读人，读史就是读今。随着国际形势的变化，中国的许多科学问题需要我们再认识。以稀土为例，本书追根溯源，告诉我们中国稀土的前世今生，也警醒我们对待稀土不仅是一个简单的开发与保护，而是必须将其列入“核心国家利益”方为正臬。再比如我们都知黄土高原的水土流失和黄河的泥沙淤积，可是多少人知道黄土易于贮水和耕作，宜农宜牧，黄土地乃是世界“小麦带”？正是黄土的特性支撑起中华的独特文明。刘东生先生等人的黄土研究，成为中国学术对人类科学的重大贡献。读至此，我真心地发出呼吁：快快废除长期沿用的“扫黄”之语，不知什么莫名其妙的原因，社会各界竟然以“黄”代指淫秽色情，为何要用这样的说词？现成的代替词多得是，完全可以用“扫秽”代之。总之，“黄”是多么神圣的专用词，黄河、黄土、黄皮肤、黄种人，哪一个都让我们泪目！

话不宜多，多则怯显。行文当止，此其时也。

勉为序。

序二

杨曦沧*

经历了2020年新冠肺炎疫情大暴发，全社会对科学议题的关注度大幅度提高，国家对科技的巨大期望与投入，也使科学家成为聚光灯下公众人物。此时此刻，科技传播工作者的作用愈发显著，责任也更加重大。科技传播工作者是科技工作者队伍的重要组成部分，是联结科技与社会的重要纽带和桥梁，是不可或缺的“信使”。

包晓凤和我曾在中国科技信息杂志社共事，后来又在中国科学报社继续从事科技报道多年，作为一名优秀的科技传播工作者，包晓凤长期扎根在科技传播一线，不忘初心、笔耕不辍。得知她的《山地情怀：科学家野外科考故事》一书即将付梓，我对她在新时代取得的新成果感到由衷的高兴。

当前，我们正处于世界百年未有之大变局和两个一百年奋斗目标的历史交汇点上，世界格局风云变幻，社会思潮复杂涌动，科学技术从来没有像今天这样深刻影响着国家的前途命运，从来没有像今天这样深刻影响着人民的生活福祉。我们比历史上任何时候都需要建设世界科技强国。习近平总书记强调，中国要强盛、要复兴，就一定要

* 杨曦沧，中国科技信息杂志社社长，中国科技新闻学会科技创新传播工作委员会会长。

大力发展科学技术，努力成为世界主要科学中心和创新高地。

科技传播传承人类文明，荟萃科学发现，推动科技共识，引领科技发展，是人类进步的阶梯，直接体现国家科技竞争力和文化软实力。科技传播工作者为促进世界学术交流、科学文化传播和科技强国建设，作出了实质性贡献。

摆在桌面的包晓凤同志撰写的这本书，是一部科技传播的“绘读本”，也是地质科技工作者的“故事汇”。这本著作立足于当下，着眼于未来，以20世纪五六十年代中国地质工作者的生活资料、图片和口述历史为时间线索，通过采访、结构性访谈和史料搜集，获取了大量丰富、翔实的第一手资料，从山地考察的独特视点出发，不仅真实地还原了中国巍峨壮观的山川地貌，而且立体地呈现了中国老一代地质工作者的集体记忆，高度凝聚着他们的革命情怀和历史使命，他们为中国地质科考工作奉献了自己的青春与热血，有太多可歌可泣的故事值得讲述，有太多波澜壮阔的历史画卷值得描绘，有太多舒心惬意的情怀值得表白。

本书讲述了我国老一辈地质科学家们在祖国山河大地进行地质勘测、野外科考的故事，它为读者打开了一扇科学之窗，为读者拓宽了科学视野，为读者提高了科学自信。

记得在《中国科技信息》创刊之际，两院院士、国家科委原主任、第九届全国政协副主席宋健曾以“洒播科技，激励人民，天赋人责，无冕之王”十六字，高度评价科技传播工作者的角色和使命，而本书的问世就是在用行动体现一位科技传播者的时代使命与责任担当。作为同一战线的科技传播者，我引以为豪。

是为序。

目录 CONTENTS

引言

本书从新中国成立初期的地质考察工作开始，着重摘取新中国成立70周年暨中国科学院建院70周年以来，在地质科学方面尤其是山地科学领域的一些重大发现和成果，以及这些发现和成果的科学考察故事及研究历程。这些发现和成果中不乏有开创性的科学成就，对中国的国家发展战略作出了突出贡献并填补学科领域空白。通过对这些历程的回顾，图文并茂地展现了中国地质科学事业薪火相传的故事和科学家们殷殷的家国情怀。

中国山地是人类文明的摇篮之一。中国山地区的县级行政区数要占全国的2/3，人口和耕地分别占1/3与2/5，粮食占1/3。中国90%以上的木材产量也取之于山地区。中国的自然风景旅游资源也以山地区最多和最壮观。正因为中国地质多山地的特点，所以中国的山地研究一直持续不断，并产生了众多轰动世界的研究成果。而中国科学家考察山地的故事更是充满了浓浓的山地情怀。

据《全国土地利用总体规划纲要（2006—2020年）》统计，中国地势西高东低，山地、高原和丘陵约占陆地面积的67%，盆地和平原约占陆地面积的33%。山地是中国地貌的格架。中国大地貌单元如大高原、大盆地的四周都被山脉环绕。青藏高原是中国最高最大的高原，平均海拔4500—5000米，环绕高原的山脉有喜马拉雅山、喀喇昆仑山、昆仑山、祁连山、横断山等。西南部的云贵高原海拔降至2000—1000米，周围的山脉有哀牢山、苗岭、乌蒙山、大娄山、武陵山等。西北部黄土高原和内蒙古高原边缘的山脉有秦岭山脉、太行山脉、贺兰山、阴山山脉、大兴安岭等。新疆塔里木盆地是中国最大的内陆盆地，盆地最低处罗布泊洼地的海拔780米。而周围的天山、昆仑山、阿尔金山等山脉，一般海拔在4000—5000米。新疆准噶尔盆地、青海柴达木盆地和四川盆地的四周都为高大山脉所封闭。就是在中国东部和东北部的大平原和岛屿上也可见到大片的中、低山和丘陵，如松辽平原东部的张广才岭和长白山脉，黄淮海平原东部的山东丘陵和长江中下游的低山丘陵。台湾岛的玉山海拔3997米，海南岛的五指山海拔1867米。

作为六大自然科学之一的地质学，承担着认识自然、开拓资源的核心任务。它冲在人类与原生自然界打交道的最前线。中国的现代地质科学完全是由西方引进，而非根植于国内。1840年以后，西方列强打开了中国大门，西方国家开始派人调查中国地质矿产。当时的有识之士开始引进西方科学技术，翻译书籍。把地质科学引入中国并从事早期的野外地质科学考察工作应从20世纪初开始，当时，鲁迅先生曾著有《中国地质略论》，华蘅芳先生翻译有《地学浅识》等，邝荣光编制了我国第一幅地质图《直隶地质图》，所有这些，都为中国地质科学的发展奠定了基础。

辛亥革命成功后，孙中山组织的临时政府在实业部设置了地质科，由毕业于东京帝国大学地质系的章鸿钊主持日常工作。为了进一步发展中国的地质事业，章鸿钊认为应大力培养中国自己的专门人才，建议成立相应的科研和教育机构。1913年，地质调查所成立，由从英国学成归来的丁文江任所长，这是近代中国最早的从事地质科研与教育的机构，它代表了中国社会发展、民族独立和科学振兴的需要。

1916年7月，中国自主培养的第一批地质毕业生18人正式进入农商部地质调查局工作，成为引领中国近现代国家地质科学工作的先驱。就是从这时候起，中国有了自己的地质专业队伍并开始实际工作。他们在河北、山东等地测制地质图，并开始了中国最早的岩石、矿物和古生物的科学考察工作，从而结束了依靠外国人在中国从事地质调查和研究的局面。自此，中国地质科学事业拉开帷幕。

在抗日战争的颠沛流离中，地质调查所先由北平迁往南京，后由南京经长沙迁往重庆。在这个时期，地质先辈们相继发现了延长油田、玉门油田，在江西发现了一批钨矿，在滇黔发现了铝土矿，在云南昭通、贵州水城发现了煤矿，煤炭储量都超过了亿吨，为抗战提供了有力的资源保障。

从20世纪初至1949年，以章鸿钊、丁文江、翁文灏、李四光等为代表的299位地质先驱足迹踏遍了全国，地质科学理论迅速传播，推动着地质科学事业从无到有，在曲折与磨难中前行。

其中地质学家翁文灏的科学生涯，多半是在路上。20世纪20年代，甘肃发生8.5级特大地震，他带着病，坐上骡车，完成了中国科学家对地震现场的第一次考察。作为中国地质科学的开创者，这个来自浙江的小个子经常手足并用，“爬过从没有路的路”。他在野外考察时，不是步行，就是骑毛驴。在人烟稀少的矿区考察，他随身背的柳条包里还总带着凿子和矿石。当时的知识分子，许多埋头于书斋做学问，翁文灏却把“担斧入山，披荆斩棘”当成地质科学研究者的本分。他和同时代的一批先行者，将这一传统深深植入当时的中国地质科学界。

新中国成立以后，从“一五”计划时期开始，国家经济建设急需矿产资源支撑，老一辈地质工作者以“找矿兴国”为已任，很多科学家是民主党派和无党派人士，但是都对新中国充满了热切的希望。他们怀揣着“实业兴国、科学兴国”的梦想，在艰苦困难的条件下，用自己的脚步丈量祖国的山河，风餐露宿、筚路蓝缕地投身于野外地质科学考察工作，为中国的地质事业奉献了全部的热忱与才华。

新中国成立初期的地质科考工作不仅仅取得了许多学术上的成果，更重要的是创造了地质行业一种坚韧不拔、孜孜不倦的科学精神。这种精神影响并伴随着老一辈地质人，对新中国整个地质事业的发展都产生了深厚的影响。

1949年后，曾在地质调查所工作过的百余位科学家中，就有48位先后当选中国科学院、中国工程院院士，是近代中国任何一个科学机构所难望项背的。其中，何作霖、张文佑、涂光炽、叶大年、丁仲礼更是作为民盟成员的五代中科院院士熠熠闪光。

第一章 发现稀土

一

稀土，是不可再生的珍贵战略资源，被称为“万能之土”，被广泛应用于新能源、新材料、节能环保、航空航天、电子信息等领域，有“新材料之母”之称。尤其在尖端科技和先进武器制造等领域方面，在美国认定的35个战略元素和日本选定的26个高技术元素中，都包括了全部稀土元素，足见其重要的战略地位。中国不仅稀土矿藏丰富，而且是世界上唯一一个能够提供全部17种稀土元素的国家。种种数据显示，高科技产业所依赖的稀土，毋庸置疑成为世界各国所争夺的战略储备资源。

近年来，中美之间的博弈越来越多，在高新科技领域也矛盾重重。由于稀土资源在高新技术产业占有不可或缺的重要地位，而高新技术产业在中国国家战略中又有着极其重要的地位，加之中国又是世界上最大的稀土出口国，所以中国一些民间人士发出限制对美出口稀土的呼声，用来反制美国的打压。而美国《纽约时报》也称，“稀土可能成为中国的反击‘王牌’”。那么，稀土怎么会成为中国贸易战的“王牌”？它的作用真是这么重要吗？其实，事实的真相并不像媒体渲染的那样简单……

稀土金属又称稀土元素，是指元素周期表中原子序数为57到71的15种镧系元素，以及与镧系元素化学性质相似的钪（Sc）和钇（Y）共17种元素。自然界中有250种稀土矿，根据稀土元素原子电子层结构和物理化学性质，以及它们在矿物中共生情况和不同的离子半径可产生不同性质的特征，17种稀土元素通常分为轻稀土和中重稀土。稀土在自然界中主要以独居石、氟碳铈矿、磷钇矿、风化壳淋积型矿四种形式存在。

虽然中国是世界稀土资源较大的国家之一，却并非世界上唯一拥有稀土的国家。中国稀土储量只是占世界稀土储量的23%，但却承担了全世界90%的稀土供应。美、俄以及一些具有稀土资源的欧洲国家均从中国进口稀土。日本囤积中国稀土总量据说已经足够其国内使用100—300年。美国的稀土储量位居世界第一，其稀土资源也是世界稀土矿储存最多、种类最齐全的，却于2002年封存了国内最大的稀土矿芒廷帕斯矿，钼的生产也已停止，转而每年从中国大量进口。

在过去几十年中，中国承担了全世界稀土供应的角色，付出了破坏自身天然环境与消耗自身资源的代价，而自己的稀土资源却在逐渐枯竭。按现有生产速度，中国的中重类稀土储备仅能维持15年至20年，在2040—2050年前后必须从国外进口才能满足国内需求。这些数据说明，中国的稀土资源的重要意义早已超越了贸易战的范畴，体现的是国家核心利益，是中国崛起的重要战略资源保障。

中美贸易战引发的稀土话题牵动了亿万国人的心。然而，鲜为人知的是，宝贵的中国稀土的发现，也是中国地质科学史上中国科学家对抗外来掠夺、捍卫学术主权的一段曲折而艰难的故事……

二

黄河北出，越过峻峭挺立的阴山，进入海拔一千多米的内蒙古乌兰察布草原，这片阴山北麓的敕勒之川，羊群似白云飘落，草长鹰飞，牧歌悠扬。

1958年6月，时值盛夏，一支逶迤而来的中苏科学院联合地质考察队伍，踏上了这片宽广神奇的草原。考察队员们各个兴奋不已，辽阔的草原让每个人都感到心旷神怡。在这支队伍之中，时任中国科学院地质研究所岩石室主任的何作霖，随着队伍缓缓前行。

何作霖，河北省蠡县人，矿物学家。1926年毕业于北京大学地质系，1933年发现白云鄂博大铁矿中的稀土元素，并论证它是一个巨大的稀土矿床，他的这一贡献被记入包钢的史册中。1939年10月获奥地利茵城大学岩石矿物系博士学位，1955年被选聘为中国科学院学部委员（院士）。

此时何作霖的目光，没有被草原上美丽的景色所吸引，而是远远地投向了草原深处一座闪烁着奇异色彩的大山——也是他魂牵梦萦了整整25年的地方——白云鄂博。那是他此行的目的地，为新中国刚刚建立的大型钢铁厂——包钢，勘察白云鄂博铁矿的储量情况。

建设包钢，在20世纪50年代就是事关中国发展大局的重大事件。

1949年12月召开的全国第一次钢铁会议中讨论关于“关内新建钢铁中心问题”时，就提到“绥远之包头及贵州之威宁，可作为目标”。在1953年与苏联签订的合作协定中也有建设“两个钢铁厂，能力为各产钢120万吨至150万吨”，这两个钢铁厂其中之一就是包钢。

白云鄂博，蒙古语称“白云博格都”，意为“富饶的神山”，又作白音敖包山，历史上是蒙古族牧民的神山圣地。白云鄂博是内蒙古乌兰察布大草原上主要的高山，它的形象独特，色泽别异，东西长18公里，南北宽23公里，面积约48平方公里，平均海拔1605米，主峰白音敖包，海拔1783.9米，呈椭圆形。它的名字来自一个美丽的传说。据说700多年前，成吉思汗的大将特古斯出征来到乌兰察布草原的一座山上，他的马腾起前蹄，仰天长啸，驻足不前。特古斯连声惊叫："宝山！宝山！"他滚鞍下马，倒身便拜，祈求神灵保佑。可是，马仍无法行走，他只好将马鞍、马镫卸下……由此，山里有宝的说法在民间广为流传。而山上的敖包作为一种神圣的存在，更为这座宝山平添了一层神秘，后人便称这山为白云鄂博。

1927年，白云鄂博铁矿由地质学家丁道衡首次发现，那年他刚刚28岁。丁道衡后来成为著名的地质学家、古生物学家、教育家和社会活动家，九三学社重庆分社第二届委员会副主任委员，也是贵州省第一位九三学社社员。而1958年这次中苏联合科考队的中方负责人何作霖，正是丁道衡的同窗好友。

据丁道衡当时初步估计，白云鄂博铁矿储量约为3400万吨，这样的铁矿储量对于刚刚成立的新中国，可以说是真正的宝藏。

白云鄂博铁矿于1957年正式开采，它蕴藏的丰富铁矿源源不断地为包钢提供着丰富的原材料。可以说，正是白云鄂博铁矿的存在，包头建设钢铁基地才有了可能。如今，包钢是我国重要的钢铁工业基地和全国较大的稀土生产、科研基地，是内蒙古自治区首家销售收入超过400亿元的企业。

三

白云鄂博铁矿非比寻常，可谓宝中之宝！真正让白云鄂博引起世人瞩目的，除了铁矿，还有另外一个可谓宝中之宝的重要资源——稀土，这在当时并不为国人所熟知，但却是对现代社会战略意义重大、不可或缺的重要矿产资源，而它的发现者恰恰是何作霖！

这一切都要从丁道衡发现白云鄂博铁矿开始……

1927年春天的北京，一则关于西北科学考察的消息，在街头巷尾引起了轰动，民众议论纷纷，超越了八卦新闻的效果。然而在那个年代，科学毕竟不是大众兴趣焦点所在，为什么会在社会中引起这么强烈的反响呢？

这个事件的主角是一个名叫斯文·赫定的外国人，一位著名的瑞典探险家。此前他曾数次来到中国，而这次来是准备到中国西北的内蒙古、新疆等地进行科学考察。为此，他同当时的北洋政府农工商部达成了一份秘密协议。这份秘密协议的内容被有心人在报纸上曝光，顿时引起了中国科学界的极大愤慨。原因很简单，这个协议“有碍国权”！

1927年3月5日，以北大考古学会、清华大学研究院为首的十多家学术团体联合成立了中国学术团体协会，推举刘半农等著名学者为理事，并在几天后发表宣言，坚决反对“斯文·赫定远征队”掠夺我国文物和科学资料的企图。宣言中指出，这份秘密协议其中的两条，一是只允许两名中国学者参加，限期一年返回；二是将来采集的历史文物，要先送瑞典研究，等中国有条件以后再送还。这是对中国主权和学术独立赤裸裸的践踏！

众所周知，近代中国西北的科学考察史是一部让中国科学界伤心的历史。清末民初，欧美列强形形色色的探险家，随意深入我国西北腹地，考察我们的大漠、绿洲、湖泊、盆地。他们不但考察地质矿产、挖掘古生物化石，更令人无法容忍的是还盗取了许多文物。其中，最臭名昭著的就是斯坦因、伯希和等人对敦煌的洗劫。著名历史学家陈寅恪曾感叹："敦煌者，吾国学术之伤心史也。"

那么，这个斯文·赫定到底是什么人？他的科学考察活动到底有着哪些不可告人的背景呢？在瑞典，斯文·赫定的名字妇孺皆知。他与诺贝尔一样，是瑞典国宝级的科学家。1865年，他出生在瑞典首都斯德哥尔摩的一个中产阶级家庭。15岁那年，他见证了瑞典极地探险家诺登斯科德从北冰洋凯旋的盛况。从此，去地球上那些不为人知的地方探险，成为他的人生目标。

1888年，23岁的斯文·赫定师从德国地理学家李希霍芬。对于李希霍芬这个名字，大部分读者可能有些陌生，但是他提出的一个概念，却被人们广为熟知，那就是著名的"丝绸之路"。

李希霍芬曾经游历了大半个中国，花费了大半生的精力，撰写了5卷本的巨著——《中国——亲身旅行和据此所作研究的成果》（*China*：*Ergebnisse Eigener Reisen und Darauf Gegründeter Studien*）。这本书是第一部系统阐述中国地质基础和自然地理特征的著作。就在该书第一卷中，李希霍芬提出了"丝绸之路"的概念。李希霍芬的研究方向，无疑对斯文·赫定产生了极大影响。

到20世纪20年代，斯文·赫定已经先后四次到中国西北考察。在这些考察中，他最著名的考察成果，就是在1900年发现了早已消失的"楼兰古城"，从此扬名世界。

凭着丰硕的考察成果，斯文·赫定赢得了巨大的国际声誉，但是他并不打算就此停下脚步。他希望有朝一日，能够率领一支庞大的综合考察队，重新踏上中国西北部那块神秘而荒凉的土地，发现更多不为人知的秘密。

1926年，机会来了。

这一年，德国计划开辟从柏林到北京、上海的航线，这一任务最终交给了德国汉莎航空公司。开辟一条跨越欧亚的远距离航线，需要预先考察沿途的地理、地貌和气象情况。作为曾经四进四出中国西北腹地，有着极高声誉的大探险家，斯文·赫定无疑成为率领这支考察队的最佳人选。尽管赫定当时已经年过花甲，但他还是毫不犹豫地接受了汉莎公司的邀请。

经过商定，汉莎公司为赫定的探险队安排了几名航空技术专家、一名气象专家、一名摄影师和一名会计；赫定则召集了几名地质学者、考古学者。他们计划先骑骆驼，在航线沿途实地走一遍，再派飞机进行飞行考察，最后实现从柏林到北京的首飞。考察期间的一切费用都由汉莎公司提供。对于这次考察，赫定非常兴奋。他终于有机会将前几次考察中一些悬而未决的问题搞清楚了。

同年11月底，在瑞典同乡安特生的带领下，赫定见到了中国地质调查所所长翁文灏，希望翁文灏能够帮助考察团拿到中国政府的批准。

翁文灏是民国时期著名学者，中国早期最著名的地质学家，对中国地质学教育、矿产开探、地震研究等方面有杰出贡献。他不仅是中国地质学界的先驱，而且是一位很有眼光的科研组织者。在此之前，他组织地质调查所对陕西、甘肃等地做过不少地质调查工作，但还从未进入新疆做过考察。翁文灏极力想促成中国科学家加入赫定的考察团，同时这也是中国地质学界难得的填补空白的机会。

于是，在翁文灏的穿针引线下，赫定与北洋政府达成了一项协议，史称“翁–斯协定”。然而还未等赫定率队出发，这件事经报界披露后舆论顿时哗然。赫定感到，反对派的出现犹如晴天霹雳，完全扰乱了他们的计划。他在1927年3月13日的《益世报》上宣称："(中国学人)在疑敝人欲将中国历史资料与艺术遗物尽量携取。兹特奉告，敝人匪惟绝无携取此等器物之意，且对开会诸君所宣示者，极表赞同。盖敝人曾向中国政府自动提出，以此行所获历史遗物，全数留存中国，足以证明之也。"

那么，"翁–斯协定"到底是怎么规定的呢？目前，这份协定的原稿已不可见。通过比对史料可以认为，"翁–斯协定"大致有以下内容：考察团为瑞典的探险队，由斯文·赫定担任队长，全权负责；中方派出两名地质学家和一名考古学家参加，由斯文·赫定领导和安排工作，并接受其评判；中方学者负责与地方政府交涉；考察期限为一年；古生物方面的研究成果发表于《中国古生物志》……搜集品方面，无脊椎动物化石全部留在中国；植物化石和脊椎动物化石中瑞两国平分，但以瑞典为优先；历史考古遗物先交中国保存，然后将副本送给瑞典；所有史前考古遗物中瑞两国平分。

显然，"翁–斯协定"并不像斯文·赫定辩白的那样，要将"所获历史遗物，全数留存中国"。另一方面，"翁–斯协定"明确表示，西北科学考察团是一个瑞典考察团，中国学者只是参与其中罢了。因此，对中国学术主权的捍卫，才是中国学人群起抵制的关键。

事态的发展，令赫定措手不及。直到这时，他才不得不"放下身段"，认真与中国学术界进行协商。1927年3月25日，刘半农向赫定宣读了中国学术团体协会的决议。内容包括：一、考察团要命名为"中国科学团体联合会下属赴新疆科学代表团"，不能再用"探险队"的称呼；二、中方将派出5名地质、考古、生物等方面的专家和10名学生参加；三、考察团将有一个中方团长、一个外方团长（即赫定）；四、所有发掘物、科学观察资料、笔记、照片等都要接受检查才能发表；五、考古发掘物统一管理；六、团员不得私自购买文物，等等。同时，考察团一切费用仍由外方承担。

经过一番讨价还价，1927年4月26日，赫定终于与中国学术团体协会在北京大学第三院研究所国学门签署了协议。

这一刻对中国人而言意义非凡。中国学术界第一次捍卫了自己的学术主权，结束了清末以来外国探险家在中国任意掠夺文物，如入无人之境的现状。刘半农甚至戏称，这是一次“翻过来的不平等条约”。某种程度上，西北科学考察团为此后中外科学领域合作树立了典范。

四

1927年5月9日，西北科学考察团从北京西直门火车站乘专车前往包头，与等待在那里的外国团员会合。这支由20多名科考队员和20多名驼工组成的考察团，赶着200多匹骆驼，驮着400多箱行李，浩浩荡荡地踏上征程。

在这个队伍里，有一位刚刚从北大地质系毕业，专门研究地史和古生物学的年轻人丁道衡。此时，谁也没想到，丁道衡会给考察团带来第一个重大成果发现。

考察团到第一站包头内蒙古大草原后，分成了3队。

北分队是由瑞典、中国、德国、丹麦人组成的国际分队。

南分队是由地质学家袁复礼带领、全部由中国人组成的中国分队。

大队则由两位团长亲自带领。丁道衡被分在了北分队，这样他便踏进了一个令他终生难忘的神奇土地。

丁道衡随北分队从营地出发不久，路经白云鄂博。正值7月的草原，芳草连天，处处可见蠕动的羊群、牛群和马群。古红色的夕阳，在散乱无章的云朵霞光中徐徐下沉，草原上呈现出一派宁静而凉爽的景象。突然，丁道衡被北部远方一道东西蜿蜒的山岭所吸引。那是一道在阳光下泛着青黑色光芒的山岭，他惊异地注视着发出青黑色闪光的山巅，在茫茫起伏的大草原上孤傲耸立，远远望去颇为壮观。丁道衡感到了自己的内心在颤抖，惊叹于那山岭的神异和庄严。丁道衡立刻跳下骆驼，向当地牧民打听那座巍峨黑山峰的情况。

当时的白云鄂博一带，仅有几户牧民。丁道衡走访中得知，那座巍峨的黑山峰，名叫白银宝格德，或名白云博格都，也叫作白云鄂博，为茂明安旗的旗敖包所在地。据牧民说那里陌生人不能随便上去，如果随便上去触动山上的敖包，就会惹怒神灵而引发灾难。

1927年7月3日一早，东方欲晓，在冥冥之中的召唤下，丁道衡背负行囊、独自一人，徒步向30里外的白云鄂博奔去。来到白云鄂博的山脚下，丁道衡看到，在山峰南部有一岩石阶段，与山巅相差约100米。岩石阶段下有一个很深的大沟，沟中水都渗入了地下。他推断，雨后沟中会水流很多，水流应该将山上的砂土冲刷下来，或许这些砂土中会蕴含着神山之巅的秘密。果然，在山脚下一条由洪水冲刷而成的小河沟里，他见到了大量的矿砂。经过仔细辨认，其中有不少是含量丰富的铁矿石，丁道衡顿时心花怒放。

兴奋之余，他开始认真观察白云鄂博的地形及构造。白云鄂博主峰，呈东西向延伸，两端逐渐低缓，至三四十千米处即没入丘陵中。其东段再延伸，山岭复起，延绵不断。主峰南部陡峭峻斜，有近乎直立的山崖峭壁，大多数的也倾斜40°—70°，而北部地层则呈现出较为平缓的现象。

他以地质学者的眼光推测，其南部的大倾斜，一定是造山运动时，褶皱之横推力方向由南至北而行。其矿床，一定是顺南翼而插入地中的，其深度需钻探之后才可知。当丁道衡行至山麓仰视，山巅处黑斑灿烂！出现在他眼中的白云鄂博山的整个顶部，都被铁矿石布满，且暴露于外，他终于明白了青黑色山头的闪光原因，山顶上蒙古人垒起的“敖包”都是一块块巨大、沉重、铁分含量极高的——赤铁矿石和褐铁矿石。

随后，丁道衡采集了各种类的矿石及岩石标本，对白云鄂博地区的地形、地质和构造以及矿区的生成、铁矿储量、矿石成分、地表水源等项进行了初步调查。在之后的10天里，丁道衡每天背着烙饼和水壶来到白云鄂博。在强烈的紫外线照射下，他按照自己划定的若干小区进行了徒步踏查。他看到，白云鄂博有元古界的地层露出，它们是由石英岩、矽质灰岩及板岩、页岩组成。他认为，就白云鄂博矿床岩石变质状态及所生矿物而言，大部分应该是受闪长岩岩浆中所含气体及溶液喷出之影响而发生。他判定，铁矿之存在，就是因为这个原因。

在踏查中，丁道衡没有看到中生代及第三纪岩层。他所看到的第四纪的冲积层有黄土、砂土及砾石，都分布在山谷中。他认定这是一个蕴藏丰富、远景广阔、极具开采价值的大型铁矿。他兴奋地在笔记中写道：“我访问了白云鄂博”，“很荣幸，我发现了它的秘密”。对于这个在神圣敖包附近转来转去的怪人，当地的牧民非常怀疑。

丁道衡后来描述说，他们怕我这个“戴眼镜的蛮子”拿走他们的“镇山之宝”。

1927年7月4日，丁道衡致电中方团长徐炳昶，报告了白云鄂博铁矿的发现：“矿质虽未分析，就外形而论，成分必高。且矿量甚大，全山皆为铁矿所成。此矿交换作用所成，前为灰岩，后经潜水中含有铁质者所交换而成。又经岩浆冲出，其它杂质皆气化而去，故其质体较纯。以衡推测，成分必在八九十分以上。全量皆现露于外，开采极易。”丁道衡随后填制了1∶20000地质图，采集了标本，估计了资源量铁矿石3400万吨。

由于时间紧张，丁道衡未及对白云鄂博做更为详细的考察，就匆匆踏上了继续西行考察的征程，他没有想到这一去却是和白云鄂博的永别，此生再没有踏上这座神山！

1933年12月，丁道衡发表了著名的《绥远白云鄂博铁矿报告》。在这份报告中，除了白云鄂博铁矿的内容外，他也设想了未来的开发：“如果能与包头等地修路，可以与平邑路相连。那么煤和铁可以积累一个。非特殊的铁矿石可以开放，大青山的煤田也可以使用。这对两者都有利。包头是大陆和西北各省之间的交通枢纽，延伸到平邑铁路沿着察哈尔向东行驶，从山西到北平，黄河以南可以到达陕西和河南省，西到宁夏、甘肃到新疆，北到外蒙古和俄罗斯。非常方便，有很多方法可以去。你可以在包头附近建一座建筑。钢铁公司应该与西北交通有深厚的关系，它们的重要性不仅体现在经济方面。”

毫无疑问，假如能对白云鄂博铁矿进行大规模的开采，它必将成为未来中国发展工业的主要矿源，并将促使中国的西北地区发达起来。尽管受时间和条件的限制，丁道衡无法对白云鄂博有一个全面的认识，但是他的这一发现以及对白云鄂博未来的勾画有着深远的意义，给后人留下了极为珍贵的资料。

值得注意的是，丁道衡首次报道白云鄂博铁矿之后，由于当时的中国战乱频繁，并未得到旧中国政府的重视。虽然后期有很多地质工作者相继进行了几次考察，最终也没有进行开采。这不能不说是那个时代的悲哀，让科学家的宝贵发现近于湮没！

五

1934年夏，丁道衡因赴德留学，将白云鄂博标本送交北大任教的同班同学何作霖，请其继续研究。然而，让丁道衡没想到的是，一个更重大的惊喜因为何作霖而出现了！

因为同窗好友的嘱托，何作霖格外重视这批珍贵的矿石。做岩矿鉴定，首先要把矿石切成极小的薄片，然后研磨，磨到透明为止。当时，北京正是柳絮飘飞的季节。何作霖身披柳絮，每天都埋头在院子里砸石头、切石片、磨石片。他把这些从白云鄂博采集而来的矿石标本制成薄片，放在显微镜下逐一观察。忽然，一种奇怪的现象引起了他的注意。

专家叶大年说："当时何作霖发现一个很怪的现象，就是白云鄂博的铁矿石里有一种矿物叫萤石，这个萤石是紫色的，有些地方的紫色会有一些褪色的小白点，他发现这个白点里头还有个东西，他认为褪色是这个白点造成的。于是他就注意盯着那里头的东西，把那里头的仅有0.1个毫米——0.1个毫米那就比针头大不了多少的——一个小颗粒给抠出来。首先这一点就已经明察秋毫之末，别人就做不到了。后来我当了何作霖的研究生，何作霖先生就拿了一些岩石薄片给我看，其实就是白云鄂博的。我看了半天，没看出个所以然来，最后老同志就笑话我说，你呀就等着挨批吧。这个是何先生的拿手好戏，白云鄂博的稀土就是在这儿看见的”。

矿石中的白点究竟是什么原因造成的呢？

对这些从白云鄂博矿石标本里提取出来的物质，何作霖用尽手头能利用的各种手段作进一步分析。经钠光源检验，这些微粒一种属于四方晶系，另一种属六方晶系。前者为浅黄绿色，后者为浅绿黄色。他立即意识到，它们可能是两种稀土元素矿物，但仍需进一步证实。于是，他请中央研究院物理所所长严济慈教授帮助进行光谱分析。弧形光谱图上终于显示了镧、铈、钇、铒等稀土元素的谱线波长。

至此，中国科学家首次发现了白云鄂博矿物中含有两种稀土矿物——氟碳铈和独居石。

何作霖最终得出结论：白云鄂博的矿石里含有极为珍贵的稀土元素。

1935年，《中国地质学会会志》第4卷第2期刊登了何作霖的研究报告——《绥远白云鄂博稀土类矿物的初步研究》，第一个向全世界宣告：白云鄂博矿物中存在着稀土矿物。

可惜的是，当时的人们都没有认识到稀土的重要性，它的国家战略意义也是随着时间的推移才逐步受到世界各国的重视。所以，何作霖的这一重大发现，竟湮没于乱世，多年无人问津，白云鄂博这片巨大的宝藏仍旧沉睡在地下。然而，丁道衡和何作霖当时都没有想到，正是他们的发现最终造就了一座百万人口的钢城——包头，奠定了新中国钢铁工业的基础，撩开了世界最大稀土宝库的面纱。

1949年新中国成立，国家非常重视白云鄂博的铁矿和稀土矿。1955年10月，中国和苏联在北京签订了《中苏两国政府科学技术合作协议》，协议中第4204项规定，共同进行白云鄂博铁矿的研究。根据协议，1958年，中苏科学院合作地质队成立。中方12人，队长由中国科学院地质研究所岩石室主任何作霖教授担任。苏方7人，队长由苏联科学院矿床地质研究所索科洛夫教授担任。他们的任务是再对白云鄂博进行综合研究。

由于新中国的地质工作在20世纪50年代初尚处在学习苏联经验阶段，苏联的地质科学研究比我们要早，也要先进。再加上新中国成立初期中苏友好的氛围，才有了这次中苏科考队的白云鄂博之行，如果说1927年中瑞西北考察团是第一次中外地质科学合作，那么50年代的中苏合作科考就是第二次大规模的对外地质合作。

1958年6月15日，自称“盼了25年”的何作霖终于踏上了白云鄂博这块盼望已久的土地。

随后几天，何作霖与索科洛夫率领队员登上了海拔1783米的白云鄂博主峰，开展了第一次野外地质调查。一路上，所有的队员面对着矿区内矿物的多样性和矿产的密集性赞叹不已。何作霖更是不放过研究中任何细致的环节，从标本的采撷、制作、初步分类到原始资料的撰写编汇，事无巨细，都必躬亲。经他本人用岩石偏光显微镜鉴定的矿物薄片达十盒之多，有数千片……

经过两年半的时间，中苏科考队又陆续发现了含有铌钽矿物的易解石、氟碳铈钡矿等十几种稀土矿物。最终发现，这座矿山不仅是一座巨大的铁矿石山，同时还是世界上最大的稀土矿山。评判出特大铌矿和世界上最大的稀土矿床，稀土储量占当时世界总储量的80%，其矿物组成超过150种，堪称世界之最。

随后多次考察数据表明，白云鄂博稀土矿物储量世界第一，铌资源居世界第二位，此外还蕴含着萤石、金、玉等多种矿物质和元素，目前已经发现182种矿物、71种元素，世界上目前尚没有一座矿山能与这座矿山相比。如今，稀土在世界上得到了广泛应用，何作霖也因其伟大的贡献而闻名于世。可以说，没有稀土矿床的发现，没有稀土矿床的基础地质研究，就没有现在稀土的应用，更没有中国自主创新的资源保障。

经过1958—1959年两年的野外地质工作和室内实验工作后，中苏联合科考队编写出了《内蒙古白云鄂博铁–氟–稀土和稀有矿床研究总结报告》，内部打印，分上下两册存档。在当时，这个报告被归档为绝密，也就意味着白云鄂博的稀土矿藏对国家发展战略意义非凡。

白云飘飘，青山依旧。何作霖在考察结束的归途中，再一次回望白云鄂博，他终于完成了同窗好友丁道衡的嘱托，给白云鄂博开启了一个崭新的时代。然而丁道衡却在1955年英年早逝，为白云鄂博留下了永远的遗憾！

从丁道衡发现白云鄂博铁矿，到何作霖发现白云鄂博稀土矿，再到后来发现铌钽矿，两位老一辈地质学家为中国的稀土事业、包头钢铁基地建设和大西北开发做出了重大的历史功绩，被载入中国地质科学的发展史册，他们是值得我们永远铭记的伟大的地质学家！

第二章

风卷黄土

一

几千年来，流经黄土高原的黄河是中华民族的摇篮，作为中华民族的母亲河，黄河滋润了无垠的土地，培育了中华民族悠久的历史和灿烂的文化。但是，黄河相对于其他文明的母亲河存在一个重要的缺陷，那就是水患问题非常严重。某种程度上说，中华文明的历史几乎就是伴随着黄河治理的历史。

黄河的水患，很大程度上是由于黄土高原上的水土流失过于严重，黄河每年从黄土高原带走16亿吨泥沙，其中有一部分沉积在中下游的河床上，而造成下游的河床不断抬高。当河床高于两岸的堤坝时，河水就开始漫出，甚至决口改道，这让黄河洪灾频繁，历史上连年的水患让百姓苦不堪言，黄泛区处处民不聊生。直至今日，黄河的治理问题仍是中国国家建设的重要课题。

对造成黄河水患的元凶之——来自黄土高原的黄土，几乎所有人的心中都萦绕着这样的疑问，黄土是从哪里来的？它又是如何演化的呢？为什么黄土流失造成的灾害如此深重？作为中国的科学家们来说，这个课题太值得研究了。

平常概念里的黄土指黄色的尘土，状态介乎分散的砂石和黏重的泥土之间。然而，地质学上的黄土，专指形成中国黄土高原的这种黄土。它也可以看作是某种软的、松散的岩石，与生物作用产生的土壤不同，它是沙尘，通常堆积超过100米厚，有些地方甚至达到400米。

黄土质地松软疏散，极易受到流水的侵蚀，当黄河从高原身侧奔涌而过时，往往会裹挟黄土，制造出惊人的水土流失量。于是寻找黄土的来源及研究堆积特性，成为探察水土流失原因的第一步。

黄土高原的成因一直有三种说法：风成说、水成说、风化残积说。这座外表如此庞大的地质奇观，是如何形成今天的模样，为回答这个问题，就需要确定哪种说法才是真正的黄土高原成因。近现代以来，中外的许多科学家都在孜孜不倦地开展黄土的研究，尽管有很多学说和假说诞生，但都没能找到答案。直到最终在一位中国科学家的手中揭开了黄土神秘的面纱，他就是“中国黄土之父”——刘东生！

20世纪50年代初，国家开始筹备兴建三门峡水库，面临的一个重大问题就是黄河泥沙。当时，周恩来总理在国务院专门组织讨论了这个问题，中国科学院副院长、气象和地理学家竺可桢提出，由科学院组织一个黄河中游水土保持综合考察队，对黄土进行研究。

1954年，任职于中国科学院地质所的刘东生在侯德封、杜恒俭和苏联专家帕夫林诺夫等人的带领下，参加了三门峡第四纪地质考察队。这是刘东生第一次接触到黄土，尽管他的专业不是研究黄土，却从此和黄土结下了不解之缘。

黄土高原的水土流失与黄土的地质环境密切相关。为解决黄土高原水土流失的问题，刘东生与考察队不同领域的科研人员，在土壤、地质、水文、气象、林业等方面，做了大量科学考察。而作为黄土研究的基础，首先就必须回答这样一个最基本的问题，黄土究竟从哪里来的？

黄土多孔，质地均匀，富含钙、铁质，易于贮水和耕作，宜农宜牧，因此，黄土地带有世界“小麦带”之称。在生产力不发达的时代，地理条件对当地文明的特征有着重要影响。黄土的特性使黄土高原上诞生了与尼罗河、印度河和两河流域不同的旱作农业，支持了一个独特的古代文明。地质学家和考古学家们在黄土区域内发现了非常密集的古代居民聚居点，例如旧石器时代的蓝田人、丁村人以及新石器时代仰韶文化的遗迹。近100多年来，世界上许多地质、地理、土壤、农业、水利、工程建筑、动植物、考古和历史学方面的专家都对黄土兴趣浓厚。

在刘东生所在的这支考察队中，有一位苏方专家，他就是苏联政府派往中国协助建设的帕夫林诺夫。行进在沟壑纵横的广袤的黄土高原，惊叹于奇绝的自然景观的同时，帕夫林诺夫对沿途洪水泛滥的黄河印象尤为深刻。借鉴对伏尔加河洪水的研究经验，帕夫林诺夫提出，远古时期的大面积洪水泛滥，裹挟了巨量泥沙沉积，经过水和风的共同作用后，逐渐形成了如今蔚为壮观的黄土地貌，这便是黄土高原成因中的“水成假说”。

一次野外考察时，正当刘东生仔细端详着手中的一捧黄土时，他看到这些黄土中含有许多沙粒。这时一位老农告诉刘东生，北边的黄土粗沙子多，所以松散不易成形，而南边的黄土颗粒较细，用力抓握后不易散开。刘东生感到疑惑，黄土呈现的这种状态，明显不符合洪水冲击的特点。

随着考察的展开，刘东生发现在黄土高原考察，无论地形高低，这里黄土覆盖的厚度都基本一致，并无薄厚变化之分；其次这里的黄土物质成分，是以单一的灰黄色粉砂颗粒组成，质地均匀有序排布，并有垂直节理的显著特点。

这就有一个问题，如果是洪水冲积而成的黄土，那么土层中的石砂和泥土，就应该是大小不一混合无序的，并且它的节理呈水平状态。但很明显，黄土高原的黄土并没有呈现这种状态。刘东生开始对帕夫林诺夫的“黄土水成假说”产生了疑问。

种种证据都表明，帕夫林诺夫用故乡伏尔加河的洪水经验，来推导中国黄土高原的形成显然并不相符。而且“水成假说”还有一个完全有违逻辑的现象，那就是在海拔两千多米的太行山上，也有黄土的出现，如果真如帕夫林诺夫所说，洪水得需要多大的力量、流速、频次，才能冲上高高的山顶，并最终留下痕迹呢？显然，裹挟着厚重黄沙，向前奔走的河流根本无法做到这一点。

刘东生的目光望向远方，纵观整个黄土高原，只有一种力量能自北向南横贯每一个角落，那就是百万年来呼号不绝的西北风。

那么，德国地质学家李希霍芬提出的“风成假说”又是否成立呢？在最早对中国黄土进行研究的科学家中，德国地理学家、地质学家李希霍芬最为有名。李希霍芬提出，中国黄土是风吹来的沙尘形成的。他将中国黄土与德国莱茵河谷的黄土相比，认为两者基本相同，都呈浅灰黄色、含钙质和陆生软体化石，疏松多孔、厚层状、无层理，具有垂直节理，常呈陡壁，并以此特征作为黄土的定义，这就是“风成假说”。

李希霍芬提出的黄土“风成假说”，不同于在他之前的美国人庞培利提出的黄土是湖积的黄土状沉积物，也就是“风化残积说”的观点。

刘东生发现用“风成假说”来完全解释黄土高原的形成，似乎证据也并不充分。如果黄土颗粒从北到南粗细差异普遍存在，而且符合西北风的走向，那么德国地质学家李希霍芬的“风成假说”就是合理的解释了。但是李希霍芬只解释了黄土的原始物质，是由风力搬运而来的，并没有对搬运过程进行深入细致的研究，因此难以成为一种理论。刘东生心头的问号始终没有解开。

1954年的考察进行了三年，研究了黄河中游水土流失的分类、区划以及应该采取的措施。

1957年做了总结，但是地质所所长侯德封和业务处长彭会认为，对黄土的研究工作还没有做完，下一步应该从基础研究上再进一步，包括黄土的成因、地层、岩石、年代、性质等，这些东西可能对水土保持不一定有直接需要，但从地质学的角度来说非常重要。

1957年，在结束水土保持调查任务后，刘东生就带队来到黄土高原进行大剖面调查、地层研究等。

1957年后，刘东生带队在黄土高原做了10条大路线剖面的调查，东西5条，南北5条，每条线约1500多公里，每条线有几个人，边走边看。因为坐车，刘东生和彭会走了好几条线路，一天走100多里路，两个多月就做完了调查。当时没有先进的工具，就是用眼睛或显微镜来看。

刘东生和考察队员们在简陋的实验室里，将黄土高原十大剖面采集回来的样品，经过多道复杂工序后，分析出了十条剖面黄土中所隐含的秘密。这些样品资料显示，黄土高原从西北到东南，黄土的颗粒越来越细，并且不同地区黄土性质有所不同。西北方向是含沙较多的沙黄土带，中部地区是黄土带，靠近东南的则是黏性很强的黏黄土带。随着这些丰富的资料汇集起来，经过日以继夜地研究分析，经过翔实考证的地质数据，让刘东生对黄土成因的疑问豁然开朗！

如果将黄土高原比喻成一幢6层的高楼，那么李希霍芬等认为最上层的黄土是风成的，而刘东生等科学家的调查则认为从顶楼直到底楼整个黄土高原都是风成的。这说明上面的形成如果是10万年，那么整个黄土高原就是200多万年或更早，这是通过“观察地质”方法得出的经验数据。

至此，刘东生给黄土原始物质的搬运过程，画出了完整的路线图：远古地质时期强劲的西北季风，将中亚和蒙古高原地区的黄色粉尘，源源不断地吹向东部，颗粒较大的粗砂留在了新疆和内蒙古，并在那里形成了大片沙漠和戈壁，其余的粉尘物质随风继续南下，却被青藏高原和秦岭挡住了去路，向东则受制于太行山脉，最终只能在甘肃、陕西、山西一带沉降下来。同时随着风力的减弱，粗的粉尘颗粒被抛撒下来，然后是中等颗粒，最后是细小颗粒。由于这片区域降雨属于半干旱地区，利于以粉砂为主体的沉积物的保留，经过漫长的地质雕琢，终于形成了如今波澜壮阔的黄土高原。

这样，一个新的学说诞生了！

二

由于刘东生提出了一整套完整的黄土风成理论，因此国际地学界为了区别于李希霍芬的早期学说，把刘东生的风成理论称为“新风成说”，持续了一个多世纪的黄土高原成因之谜的争论，终于得以平息。

可以说，刘东生对于黄土研究的贡献是居功至伟。然而这只是刘东生黄土研究的成果之一，另一个成果影响力也是巨大的，就是发现黄土高原记录了当时全球气候的变化。

虽然初步揭示了黄土成因，但是黄土隐含的秘密还很多，刘东生和科学家们并没有停下黄土研究的脚步。在黄土高原上，除了漫天的黄沙、纵横的沟壑等自然景观以外，最常见的人文景观也许就是窑洞了。只不过，生活在这片土地上的人们没有想到，他们祖祖辈辈居住的窑洞竟然隐藏了黄土研究的神奇密码。

1954年夏天，刘东生和由古生物学家、地质学家等研究人员组成的综合考察小组来到河南省会兴镇。傍晚，考察小组的很多成员都出去散步，刘东生发现不远处有一排排水平而整齐的灯光。对于一个黄土高坡上的小镇来说，应该不可能是楼房，但这样整齐的建筑又会是什么呢？这个问题让刘东生整整一夜百思不得其解。第二天他起了个大早，顺着昨晚看见的方向寻觅而去。

原来，刘东生夜里看见的那一排排灯光是从老乡住的窑洞里发出来的。这些窑洞有上下几层。在窑洞屋顶上，刘东生发现了特殊的岩层结构——有红土，有料姜石，下面还有黄土。但是，让刘东生感到奇怪的是，这样的淀积层水平延伸得很长，而且一层层和黄土、红色的土相间隔。三层窑洞都同样是以料姜石做天花板，黄土做墙，红色的土做地，这种窑洞的建筑结构引起了原本研究古生物的刘东生的极大兴趣。

当时刘东生所在的考察队，是由不同学科多个专业的人员组成，而刘东生所在的地质组研究重点是黄土的形成与堆积。他对不立梁柱不设砖瓦，仅仅依靠黄土支撑就能在断崖面上开凿窑洞的方式感到惊叹。更令他好奇的是，窑洞建造得竟然很有规律，这一排排原生的有规律的窑洞，是否和黄土的形成和堆积有关联呢？他向当时著名的土壤学家朱显谟请教。朱显谟说，他所看到的黄土下面的红色土，其实也是黄土，只不过是很久以前的土壤。

在陕西洛川考察时，刘东生再次见证了新老黄土的交错奇观。

这里地表崎岖，沟谷纵横。目所能及之处，皆为漫天遍野、连绵不绝的黄土沟壑。正如它催生出信天游这般令人肝肠回旋、心气激荡的特有民歌一样，这片完全由黄褐色土质覆盖的地方，因它独有的外形和庞大的沉积区，形成了地球上无与伦比的地理奇观——黄土高原。

科学告诉我们：几千万年以前地球陆地板块猛烈撞击，青藏高原突然隆升，气候环境剧烈演变，强劲的西北风裹挟起大量的黄土和沙粒，在原本是海洋的27万平方公里的地方堆成了黄土高原；暴雨过后暴涨的河流又像把无情的大刀，把黄土高原砍得伤痕累累，沧海桑田，形成了今天黄土高原一带塬、梁、峁的独特地形。

考察队在洛川黑木沟打了一个150多米深的岩心，每5厘米取一个土样。刘东生拿锯子把每一个土样锯成小方块，然后每一个小方块要放到仪器里头来回测，要测几个方向。每天就这样子重复地操作，但是测完了以后，画出来的图让刘东生觉得有点奇怪。这个图好像似曾相识，好像是在哪个地方见过，但是还是不知道是什么东西。刘东生忽然间想起以前看过的深海里面的沉积的曲线，氧同位素的曲线跟磁化率的曲线很像，赶快找书拿来一对，真是那样！刘东生兴奋不已！

结果发现，黄土高原的地层、地质和岩性和在广大范围内深海里面的沉积具有相似性和一致性。原来，中国西北沙尘暴里聚集起来的黄土高原，和热带太平洋里面的深海沉积是有关系的，也就是说和地质学的第四纪气候变化理论有关联。

依据地质学理论，地质学家将过去250万年到今天的时期称为第四纪，将出现在第四纪的冰河时期称为“冰期”，把出现在两个冰期之间的温暖气候称为“间冰期”，冰期与间冰期的轮回称为“旋回”。

20世纪初，欧洲科学家通过对阿尔卑斯山地区的冰川沉积物的研究发现，这个地区有4次冰期、间冰期的变化，从而提出第四纪全球气候有4次冷暖的“旋回”。

黄土是中国分布最广的第四纪沉积物。在黄土高原上厚厚的黄土层中，交错夹杂着一片片红土层，就像一张巨大的“千层饼”。刘东生等研究地质的中外科学家，无一例外地都把这些黄土的剖面看成是“世纪年轮”。尤其是洛川县黑木沟的黄土剖面——古土壤序列连续完整，化石丰富，保存了大量的气候、环境、生命等信息，一个土层断面就是10万年或者20万、30万年的一个气候时期，是揭示地球第四纪奥秘的极好载体。

刘东生观察到，在巨厚的黄土剖面中，黄土与红土像多层夹心面包般交错堆叠。黄土代表了寒冷干旱气候环境，红土则代表了暖湿气候时期的古土壤。黄土高原剖面35层的黄土与34层的红土代表了过去250万年间气候冷暖干湿的交替出现。

根据这张信息量极大的洛川“千层饼”，刘东生和同事们开始绘制黄土与古土壤曲线：黄土越厚的地方表示寒冷干燥持续的时间越长；古土壤厚的地方，表明温暖潮湿的时间长。

最终，刘东生和同事们研究证实，第四纪以来260万年间，地球气候至少经历了37次冰期—间冰期旋回。也就是说，第四纪的环境变化中存在着频繁的、周期性的冷暖交替。刘东生等人从黄土的实际构成认为，第四纪气候冷暖交替的次数远不止4次，提出了第四纪黄土气候变化的“多旋回理论”。这一结论远远打破了欧洲科学家提出的四次冰期理论，也成为全球环境变化研究历史上的一次重大革命。

在过去长达半个世纪的时间里，人们普遍认为，古环境变化的信息在深海沉积物中保存最好，极地冰层也能够系统反映气候变化，只是其覆盖的年代跨度不如深海沉积物。而同人类生存空间最为密切的陆相沉积物，因其连续性差、易受风化等特性而长期没有受到应有的重视。然而，中国科学家独具慧眼地选取中国特有的黄土沉积物作为研究对象，通过奠基性的研究工作，以翔实的数据，向世界科学界表明，中国黄土是研究260万年来气候变迁历程的更为可靠的记录，蕴含着其他记录无法替代的宝贵信息。

这一突破性的进展，是黄土研究的一个里程碑，是一大突破。从此中国黄土被纳入了全球环境变化的框架，这使黄土古气候学成为一个重要的研究领域，并对研究过去的海陆相互作用对环境的影响产生十分重要的作用。

自此，世界科学界达成了普遍共识，在地球历史记录中，有三种气候记录最为完整，分别是深海沉积的记录、南北极冰芯的记录，以及中国黄土的记录。中国黄土研究之所以被世人瞩目，就体现在这里。国际上认为，把黄土这条认识地球数百万年变化的历史线索研究得最好的，就是中国地质学家刘东生。

1961年，刘东生和合作者张宗祜教授在他们的论文《中国的黄土》中报告了黄土高原形成的“多风成学说”和第四纪气候变化“多旋回”理论。

其后，刘东生和同事在1962年至1964年间出版了《黄河中游黄土》《中国的黄土堆积》和《黄土的物质成分和结构》三本书。

刘东生在总结自己时谦虚地说：“有的人能力大，有的人能力小，我是属于那种能力小的人，但我没有泄气，我持续不断地做事情，有时候自己做的事情别人觉得无所谓，但我自己觉得挺重要。我在野外考察时，会遇到紫色的马兰花，总是一片片在路边，不太惹人注意，但是往往有时候，它会出乎意料地开出漂亮的花，带给人们惊喜。”

第三章 探秘青藏

一

“唐古拉，伸手把天抓，人在云雾中，飞鹰在脚下”，从这句广为流传的民谣中我们可以想象到青藏铁路筑路之艰难。

长久以来，由雪山、冰川、激流、峡谷组成的被称为“世界屋脊”的青藏高原，昆仑山、唐古拉山、念青唐古拉山绵亘，地质构造复杂，平均海拔4000米以上，空气稀薄，加上大面积的冻土层，频繁暴发的地质灾害，被认为是工程禁域。直到半个多世纪前，由于受气候和交通条件限制，西藏还是用各种交通方式都难以到达的禁地。

2006年7月1日，火车的鸣笛声打破了高原的宁静，一列满载着旅客的列车穿越茫茫雪域，向着目的地——拉萨奔去。这一天，青藏铁路全线胜利通车，结束了西藏自治区没有铁路的历史。

然而，青藏铁路卓越成就的背后，却有很多问题引起了人们深深的思考！众所周知，青藏铁路作为世界上海拔最高、线路最长、穿越冻土里程最长的高原铁路，是世界铁路建设史上最具挑战性的工程项目，攻克了“多年冻土、高寒缺氧、生态脆弱”三大难题，也是世界性的难题。青藏铁路的顺利通车，可以说与中国科学家几十年来对青藏高原进行艰苦连续的科学考察研究活动密不可分，凝聚了几代科学家的心血和成果。

虽然青藏铁路工程难题解决了，但是对于青藏高原来说，“多年冻土、高寒缺氧、生态脆弱”三大难题依然存在。而且可以说这片神奇高原上还有很多人类认识领域的空白，因为，人类对它的认识时间太短了。

20世纪初，当时人类科学考察活动几乎还没有涉足这片神奇之地。瑞典探险家斯文·赫定在他的著作《亚洲腹地旅行记》之中这样写道：“到1907年1月为止，我们对行星面上的这部分与对月球背面同样一无所知。”

“行星面上的这部分”，指的就是青藏高原。

作为自然界的物质实体，它存在了太久；但对人类来说，对于它的认识太迟了。至少在科学认识方面，连中国科学家们也不免感叹，真是相识恨晚啊！

青藏高原作为地球上的最后一块秘地，人们通常用雄伟、辽阔、壮丽之类的字眼描绘青藏高原，紧跟着就是“神秘”一词。在科学家的眼中，青藏高原却与人类的命运息息相关。它的神秘面纱迟至20世纪下半叶，才由中国科学家们徐徐揭开，向全世界提供了它的形成演化过程及存在的意义和影响。由此，青藏高原的真实面貌，才得以补充修订在世界地图上

青藏高原是世界上独一无二的地区，它有着年轻的地质历史、活跃的新构造运动、剧烈的环境变迁、独特的生物区系、复杂的自然地域分异及对周围区域自然环境和人类活动产生的巨大影响。大约6500万年前，印度板块与欧亚板块相撞，导致青藏高原隆起，挤压黄土高原进一步抬升，使中国形成海拔递减的三级阶梯。地形上的变化导致青藏高原犹如一个超级“风机”，颠覆了原本控制中国的“行星风系”，重塑了中国的气候和水系，进而塑造了独特的华夏文明，

孕育了多样的生命系统。

正因为这里有这么复杂而奇特的洋陆转化和不同地质单元的物质交换的演化历史，就注定了这里是世界上罕有的地质宝库，它既蕴藏着丰富的地球演化历史信息，也蕴藏着丰富的矿产资源。

从地理科学的视角看，以青藏高原为核心的第三极起点向西辐散，涵盖青藏高原、帕米尔高原、兴都库什、天山、伊朗高原、高加索、喀尔巴阡等山脉，面积约2000万平方公里，人口约30亿的地球泛第三极地区，是地球上生态环境最脆弱和人类活动最强烈的地区。而这又是“一带一路”的核心区，与丝绸之路经济带高度重合。随着“一带一路”重大倡议建设的实施，泛第三极环境变化的重要性受到全球关注。因此，保护泛第三极地区资源环境的可持续性将为“一带一路”建设提供重要科技支撑。

专家指出：青藏高原对全球环境和生态体系的影响至关重要。一是全球气候变暖导致冻土面积逐年减少，以青藏高原为核心的第三极是全球气候变暖最强烈的地区，也是未来全球气候变化影响不确定性最大的地区。过去50年来，青藏高原及其相邻地区冰川面积退缩了15%，高原多年冻土面积减少了16%。冻土融化可能降低生态系统碳汇功能，高海拔特有物种有消失的风险。二是喜马拉雅山阻挡南亚季风气团向北传输，使青藏高原逐渐变干变冷。三是高原隆升后，青藏地区生物形成“走出西藏”和“高原枢纽”共存的模式演化。

所以说，没有青藏高原就没有今天的中国。青藏高原的体量有多大，它的重要性就有多大。

二

我国对青藏高原的关注古已有之。从汉文典籍《山海经》《后汉书·西羌传》对高原山川、风土人情的粗略描绘，到藏文典籍《西藏王臣记》中描述的“一片汪洋”变为“雪山环绕”的沧海桑田以及“仰卧魔女”的地形结构……古人很早就开始了对破解青藏高原生态“密码”的尝试。不过在古代，人们对青藏高原更多赋予了魔幻的想象。

也因如此，近代以来，西藏就成为受中外无数探险家瞩目的目的地。因为环境恶劣、条件所限，始终没有人能揭开它神秘的面纱。而中国地质学家也从20世纪20年代就开始进行青藏高原的考察和研究，但直到新中国成立以后，中国地质学家才真正开始深入到西藏这块自己的国土上开展地质工作。

1961年，中国科学院组织了100多人的考察队伍为修青藏公路做冻土情况调查，这一年是新中国“第二个五年计划实施阶段”，也正当三年困难时期。

一生致力于青藏科学研究的中国科学院院士、中国土壤地理与资源科学家孙鸿烈，也是这一年第一次进藏。因为孙鸿烈的专业是研究土壤，所以他还有另外一个任务，就是到拉萨、日喀则的河谷地区，沿着拉萨河、年楚河寻找荒地，为西藏老百姓找荒地、发展农业。

然而，让人没有想到的是，这个任务在考察队里引起了很大的分歧。孙鸿烈认为，对于科研来讲还近乎于空白的地区，首先要调查积累基础资料，研究它的自然规律，了解它的气候、土壤、植被、地质、地形等特点，搞清楚地带性分布规律和区域差异，在此基础上再试图解决一些当地生产中的问题。应该循序渐进地来实施“十二年远景规划”中的青藏科考。但不同的观点则认为，考察就是为解决当前生产问题服务的，比如地理方面的专业就是搞宜农荒地调查，看西藏有多少荒地可供开垦；地质、构造等专业就是去找矿。

据孙鸿烈后来回忆，那时调查宜农荒地其实并非生产之需要，当时西藏的粮食单产还很低，首要的应该是把重点放在提高单位面积产量上，把先进的科学技术介绍给农牧民，这恐怕是更实际的事。但是，1961年正好是国家经济建设困难时期，各项工作都围绕着基本建设和粮食生产展开，所以产生这样的分歧在所难免。但这也从另一个角度说明，青藏科考活动从一开始就是举步维艰。

尽管有这样那样的分歧，但是由于国家建设需要，考察队还是按照任务部署展开工作了。随着考察活动的一步步展开，困难还是接踵而来，主要原因还是粮食，虽然考察队全部给养几乎都是军区供应，但随着形势一天天困难，供应也日益减少。加之1962年中印边境自卫反击战一触即发，这次任务被迫中断，让孙鸿烈念念不忘的青藏基础科考也没来得及展开。

孙鸿烈带着深深的遗憾踏上了归途，“十二年远景规划”中的青藏科考没能完成，但中国科学家们探索青藏高原的愿望并未泯灭，他们在等待着登上青藏高原的机会。只是孙鸿烈没有想到，这个机会他一等就是十多年。

三

1973年，中国科学院青藏高原综合考察队成立，拉开了对青藏高原进行大规模综合科学考察的序幕。那是人类历史上第一次全面、系统地对青藏高原进行的科学考察。

在1973年第一次青藏高原综合科考启动之前，中科院组织的青藏考察，大多与1961年西藏考察队的那次考察类似，并非纯粹意义的科学考察。科学研究的内容服务于国民经济建设任务，也就是说“科学搭了任务的车”，实际上表现的是中国科学界理论联系实际、科学研究为国家建设服务的初衷。

在当时，大规模的、综合性的考察方式是不可能实现的，这是因为新中国成立之初，国家还处于百废待兴阶段，充分利用自然资源，推动国民经济发展才是当时的现实状况。虽然有很多遗憾，但是所有科学家都义无反顾地服务国家发展大局，他们所展示出来的家国情怀才是那个时代的精神所在！

时光转眼来到1972年7月14日，周恩来总理在会见美籍华人学者参观团时提出，应在马克思主义世界观指导下，在广泛实践的基础上，加强国内自然科学基础理论的研究工作。

中科院敏锐地注意到了这次机遇，把青藏高原科考提上了议程。1972年7月在兰州召开了中科院珠峰科考总结会，在总结之后，就是研究制订青藏高原综合科考长远计划。孙鸿烈参加此次会议的任务，是起草《中国科学院1973—1980年青藏高原综合科学考察规划》。

在青藏高原科考史上，珠峰科考总结会以“兰州会议”之名被永远铭记。“老青藏”们说：青藏队自此一往无前，兰州会议上孙鸿烈立了大功。

在世界科学考察领域，几乎是空白的青藏高原无疑最令世界科学家神往！因此，近现代以来，无数中外科学家都前赴后继地试图踏足这片科学考察领域的处女地。

孙鸿烈说：西藏之前在科研上是一片空白，但这里是中国的领土，必须由我们中国人来填补这块空白。

1973年5月，首支青藏高原科考队踏上了川藏线，向高原进军。孙鸿烈和科考队员们都为即将迎来的科学拓荒之旅精神百倍、斗志昂扬，然而，他们没有想到，这一去，青藏高原让他们领教了一番独有的冷酷。

考察队是沿着川藏公路进藏的，沿线风光固然壮美，其险峻程度却世所罕见。很多路段本就是在峭壁上凿出来的天险之路，一侧是抬头望不到顶的千仞绝壁，另一侧是俯视让人两腿发软的万丈深渊。山口处无分冬夏，冰雪铺地，落石、塌方、泥石流都是经常性地发生……考察队一路走来险象环生。

考察队刚到通麦，遇到了大塌方，整条川藏线瘫痪，附近的一座兵站挤了数百人。考察队无奈只能在那里驻留多日。后来一问才知道，比他们堵得更久的已经在兵站住了一个月！

时间不等人，一年能在青藏高原开展科考活动的时间，满打满算也就七八个月，考察队耗不起。商量之下，孙鸿烈、何希吾、王震寰三个领导干部去塌方处探路。

三个人互相搀扶着、拉扯着，居然攀爬过了塌方处。汽车是无论如何开不过去了，三个人一商量，分头走——孙鸿烈和何希吾原路返回，组织科考队队员们徒步前进，王震寰继续前行，搭车去拉萨，联络车辆，这才把大家接了过去。

虽然这次遭遇有惊无险，但是类似的困难在接下来的考察中还是不断出现。蹚冰河，爬悬崖……考察队员们在高寒、缺氧、雨雪、断菜、缺粮、陷车等常人无法想象的艰苦条件下经受着考验。特别是从日喀则去阿里，因为没有公路，过河时汽车经常陷到河里，水冷极了，大家都得跳进去推。那时候考察不仅艰苦，而且有风险，有时候水也很急，有人一脚踩滑下去，旁边人要赶紧把他拉起来。如果是一个人独自去就麻烦了，自己站不起来……

在青藏高原，考察队面临的主要问题是三个方面：第一是高原反应，第二是交通，第三就是吃饭问题。当时环境之恶劣，设备之简陋，艰苦程度常人很难想象。

由于强烈的高原反应，很多同志都留下了不同程度的后遗症：有的同志的牙掉光了，有的同志严重脱发，有的同志患了胃病等其他慢性病。科考队员不仅流汗，牺牲也是时有发生。在雅鲁藏布江畔，一位名叫梁家庆的年轻科学家不慎跌入江中。人们找到他时，他已没了体温，这位年轻的科学家为青藏考察与研究献出了宝贵的生命。

虽然条件非常艰苦，但是每个队员都保持了乐观的情绪、昂扬的斗志，一个重要原因就是为国争光的心情。同时，青藏高原在全世界都是独一无二的区域。因为那个地方未知的东西太多了，有了新的发现以后，又想去追索现象的原因，做各种理论上的推断，然后又想去搜索更多的资料，再判断。就是这种吸引力和推动力，以及驱动力的循环往复，激励着中国科学家前赴后继！

青藏高原虽然带给考察队员的是艰苦的磨砺，但是，更有惊喜在等着他们！青藏科考的第一站，选在了位于藏东南的察隅、墨脱、林芝一带的深谷密林。这片区域位于喜马拉雅和横断山脉的交会处，地质构造复杂，生物种类繁多，而且是西藏重要的农业、林业区，无论是科学考察还是为当地经济建设服务，都大有文章可做。

人们习惯把青藏高原想象成不毛之地，但察隅地区这处海拔较低、降水充沛、四季温和的“西藏江南”，颠覆了人们的想象。这里高山耸立、河谷纵横、密林千里；这里气候温润宜人，一派亚热带原始森林景象。3万多平方公里的察隅地区，考察队足迹所至，几乎每天都有新发现。

林业专家李文华早年考察过从大小兴安岭、长白山到西伯利亚绵延数千公里的泰加林带，对世界暗针叶林区了如指掌，但对藏东南的植物王国，此前所知仅是西藏林业部门提供的几页油印材料，知道西藏地区有森林而已。等他走进了察隅地区的森林之中实地调查，才发现这里的森林量远超油印材料的几十倍。

从山谷到山顶，沿途所经历的植物世界，如同赤道到北极，李文华说:“就好像有一个望远镜，再套一个放大镜，把整个世界的热带、亚热带、温带、寒带的植物，全部拉到你眼前来啦。”

动物学家冯祚建在藏东南的密林中，找到了藏马鸡、白唇鹿、蓝喉太阳鸟、马麝……除了藏北地区特有的藏羚羊、藏野驴等少数几个物种外，几乎所有西藏地区的珍禽异兽，在这个有“片状石之地”之称的地方都有发现。

但是若论发现物种的数量，动物学家就远远比不上昆虫学家了。黄复生和他的同事张学忠等人，在1973年及此后的三年中，累计采集了十几万号昆虫标本，种类以千计，其中20多个新属，400多个新种，作为填补我国空白的一个发现——缺翅目，就是在察隅地区被首次发现。

藏东南丰饶的资源，成就了青藏科考第一役，不仅队员们信心大增，期待来年再战，也赢得了中科院的重视和支持。就在1973年考察队收队后的冬季里，中科院自然资源综合考察委员会紧锣密鼓地落实了三大举措：其一，青藏科考队增员百人；其二，加强后勤保障，在拉萨建立科考基地大本营；其三，从华北某部复员军人中选招30名汽车兵，作为考察队专业驾驶员，保障考察队车辆和司机长期稳定。

青藏科考队在1973—1974年完成了藏东南察隅—林芝地区的试验性考察。1976年，考察队分昌都、那曲、藏北、阿里四个队分头进行考察。

更多时候，考察队只能住在野外，因为考察深入农区、牧区甚至无人区。他们支起一个个带底儿的、里面正好摆一张鸭绒睡袋的“人”字形厚塑料帐篷，拿出跟老乡买的牛粪，在涓涓流水的河边，在野云万里的山边升起炊烟。

考察队采用的是拉网式的、滚地毯式的科考方式。在120万平方公里的西藏大地上，考察队的科考队员们穿梭往返，沿雅鲁藏布江2000公里上溯下行，在喜马拉雅的崇山峻岭中攀上攀下，东起横断山脉的昌都，西至西部高原的阿里，北上冈底斯-念青唐古拉，穿越整个藏北高原腹地。

孙鸿烈的野外工作主要是“挖坑”。他们带着铁锹，在有代表性的植被、地形等地选好点，挖出一个土壤剖面，然后一个人下去分层。一般分为A层有机质层、B层过渡层、C层母质层。地表水淋洗石灰到B层，分层人用盐酸可以测出碳酸钙。西藏的土壤一般不超1米就能挖到C层，两三个小时即可完成一套从挖坑到取剖面的工作。

考察队员们随身带着纸盒，里面分好几格，分层取土壤样本后按层次放进去，做成纸盒标本；还会用布口袋装土，一袋约一两斤，背回实验室，机械分析确定粗细等物理性质，化学分析确定成分。如果要取整段土壤剖面，就要用木盒子，很重，要有车开到样本坑附近。老乡只知道这是阿嘎土，那是巴嘎土，科研人员要知道究竟是什么土。

孙鸿烈把此次科考定义为“摸清家底、填补空白、定性描述”。这次青藏科考有六大发现：一、发现喜马拉雅地热带，填补了地热学科的空白；二、提出青藏高原隆起过程及高原季风的形成演化机制；三、揭示高原植被的地理地带性；四、确认雅鲁藏布江正源与高原寒旱核心；五、确定湖泊的成因及湖泊化学特征变化的地理地带性；六、通过对青藏高原冰芯的研究，揭示了历史气候的变迁。这些重大成果应该说非常丰硕，是真正意义上的填补空白，而察隅地区的考察就是这些成果的开端。

四

1976年青藏科考队收获最多的成果，来自一片真正的“空白”——羌塘无人区。羌塘，在藏语中是“北方空地”的意思，学名则为藏北高原。它是青藏高原主体和核心部分，面积足有60万平方公里，海拔在4500米以上。这一空旷寂寥的高寒地区极少被人类打扰。

19世纪以来，曾有数十位外国人闯入这一地区，其中瑞典科学家斯文·赫定曾三次穿越过它。20世纪30年代，两位中国科学家刘慎谔、徐近之分别考察过这一地区的北部和南部。历史上的考察虽然积累了堪称宝贵的资料，但毕竟有限，不足以科学地、全面地描述藏北高原，所以它仍是一个科学上的准空白地区。

在外国探险家的笔下，穿越藏北无人区无异于炼狱之行。对考察队来说，藏北无人区科考同样是最艰苦卓绝的任务。穿越藏北不但有未卜的艰难险阻，已知的危险就包括狼、熊之类的猛兽，还有流窜的土匪、叛乱分子，所以考察队藏北分队是一个武装分队，实行准军事化管理。这些科技工作者到当地部队去实弹打靶，学习使用武器。幸好，这些武器除了动物学家要制作标本时偶尔使用之外，在藏北无人区基本没有用上的时候。

不过，藏北分队倒是被“打标枪”折腾得够呛。“打标枪”是川藏地区的一句俚语，指的是拉肚子。原因无他，水土不服。按说科考队员们多是三四十岁的年纪，身体都很好，但是无人区的水源不知道是什么成分的“矿泉水”，藏北分队几条壮汉的肠胃也适应不了。偏偏在藏北无人区，即使是成分不明的“矿泉水”，也不一定随处可见。有一次一连三天没遇到水源，所有人都渴坏了。在一处干河床，汽车陷住了，队员们挖车挖出了湿土。地质学家一看，马上让大家继续挖，还真挖出了水。水很浑浊，随队医生让急不可耐的队员们等一下，等水澄清一会儿。可是谁也不听劝，舀起来就喝。还有人开玩笑，说这黄褐色的水就是“可可水”。

历时四个月，藏北分队终于走出了无人区，到达尼玛地区。当天住在区委招待所，所有人的眼睛都被一片小白菜地定住了。那是区干部自己家的一小片菜地，区干部见状，赶紧拔了送来。科考队员们洗也不洗，直接塞进嘴里狼吞虎咽——他们已经四个月不知青菜为何物了。看得区干部大乐，说难怪有人讲汉族人吃草。

穿越藏北无人区，最艰难困苦，也收获最大。科考队员们的成果没法一一列举，看藏北分队副队长李炳元的总结就可见一斑：获得该地区有关地学、生物学12个专业较为完整系统的第一手资料；基本探明各学科涉及的该地基本情况，收集了一批古人类、气候、冰川等相关专业研究极有价值的珍贵资料，为藏北乃至整个青藏高原形成演化史提供了有力证据。

而另一个空白的填补，也是最重要的地理成果之一就是确认了雅鲁藏布江正源。

最早发布雅鲁藏布江源的是斯文·赫定。

1907年，斯文·赫定由三位当地向导陪同，沿着先前测量的上游诸水系中水势最大的库比藏布骑马上行，直到爬上源头处海拔4864米的山巅。之后，斯文·赫定满怀骄傲地宣布："全部漫游只花到150马克！谁不情愿这样便宜地买到发现地球上的一条最著名河流发源地的荣誉呢！"

不过，在斯文·赫定西藏之行后的几十年间，雅鲁藏布江源究竟是不是库比藏布一直存在争论，存在"双源说"和"三源说"之争（双源说——库比藏布、杰马央宗；三源说即在双源说之外加上马攸木藏布）。直到69年后，中国的科考工作者来到这里，这个争论才尘埃落定。

考察队干流组从拉孜县加加渡口向西，进入雅鲁藏布江上游地区——马泉河河谷。马泉河河谷的上源：北面的马攸木藏布、中间的杰马央宗、南边的库比藏布，在桑木张地方汇流成马泉河。马攸木藏布是条季节河，当时已经消失，被排除在雅鲁藏布江源之外。

考察队干流组分别考察了库比藏布和杰马央宗的流量、河长和流域面积，所有的数据都证明，斯文·赫定那次"便宜"的荣誉是个错误，杰马央宗才是雅鲁藏布江正源。

孙鸿烈说："我们可以非常自信也非常自豪地说，第一次青藏科考确实是填补了空白，而且出了一系列具有国际水平的专著和论文。除了学术上的贡献，也有政治上的意义。"

五

1976年10月，当年的青藏高原科考野外工作结束，考察队收队返程。行至四川雅安，忽见城内大标语"打倒四人帮"，一行人大惊。雅安人奇怪地打量着他们，像看外星人：粉碎"四人帮"好多天喽，你们咋个不晓得？

几乎与世隔绝的青藏高原科考，让科考队员们没有在第一时间得知，就在他们收队返程之时，"文革"结束了，新的时代到来了！

1976年秋冬之后，青藏科考队对西藏自治区120多万平方公里的野外考察告一段落，转入为期3年的室内研究、总结阶段。

1979年，《青藏高原科学考察丛书》第一批成果问世，共30部41册，计2331万字，皇皇巨著，洋洋大观，堪称一部西藏大自然百科全书。这些成果，获得了中科院首届科学进步特等奖、国家自然科学一等奖、陈嘉庚地球科学奖。青藏科考队集体荣获"竺可桢野外工作奖"。

1980年5月底，青藏高原科学讨论会在京召开。在青藏高原研究领域，这次会议的规格之高是前所未有的：18个国家近百名外籍科学家和300余名中国科学家参会，中国科协副主席、著名科学家钱三强担任会议主席。当然，最令与会者惊喜的，是邓小平同志出席了此次会议，并接见了与会的中外科学家。这次会议，恰逢其时地配合了改革开放政策。

青藏高原科学讨论会后，青藏考察队再度出征。

从1981年起，青藏考察队将考察研究的重点，转向青藏高原东南部的横断山地区和高原北部的喀喇昆仑山——昆仑山地区和可可西里地区，一直持续到1990年。

1989年到1990年的可可西里地区综合科学考察，可以说是第一次青藏高原科考的最后一章。队长武素功、副队长李炳元都是最早的一批青藏考察队队员，他们两人执笔的《建立可可西里自然保护区的可行性论证报告》是本次考察活动重要任务和成果之一。也正是从那时候开始，可可西里地区成了青藏高原上最广为人知的“无人区”。为保护藏羚羊而牺牲的索南达杰，就牺牲于此。

20世纪的最后十年，青藏高原研究步入一个新的历史时期。

第一次青藏高原大规模多学科综合考察结束，青藏高原研究被列入国家“攀登”计划，这些计划面向国际研究的前沿领域，强调了从以定性为主转向定量、定性相结合研究，从静态研究转向动态、过程和机制研究，从单一学科研究转向综合集成研究，从区域研究转向与全球环境变化相联系的研究。

孙鸿烈在20世纪90年代成为国家“攀登”计划青藏项目的首席科学家。本质来说，他与生俱来地属于青藏高原，这是以孙鸿烈为代表的中国科学家们的喜悦所在，也从此注定了他们一生的追求所在。

孙鸿烈说：青藏研究的主体就是基础研究的问题，所以对于基础研究，是认识有关规律，不能强求任何科学研究。像过去有段时期，喜欢说没有应用目的的，就是没用的，这是非常短见的。当时研究青藏冻土的时候，程国栋院士在兰州冰川所对青藏高原冻土做了很详细的研究，当时他也不是为了青藏铁路，那时候还不知道要修铁路。青藏是冻土地区，他研究冻土的分布、形成的规律和变化，当时完全是从学科的角度，他知道自然界有这么个东西，要研究它，了解它，他做的时候，就是作为一个自然的规律探索的。那时候绝对没有多少应用，现在修青藏铁路，成了宝贵的财富，如果没有那个冻土研究，青藏铁路的修建还真是个麻烦。

六

2017年8月，时隔四十余年，我国启动了第二次青藏高原科考。习近平总书记在贺信中勉励新一代的青藏队，发扬老一辈科学家艰苦奋斗、团结奋进、勇攀高峰的精神，聚焦水、生态、人类活动，着力解决青藏高原资源环境承载力、灾害风险、绿色发展途径等方面的问题，为守护好世界上最后一方净土、建设美丽的青藏高原作出新贡献，让青藏高原各族群众生活更加幸福安康。

第二次青藏科考将持续5年到10年，首先拉开帷幕的是江湖源考察，重点对长江源头区域和西藏最大湖泊色林错区域进行考察。

第二次青藏高原综合科学考察首席科学家姚檀栋院士这样比较两次青藏科考：第一次是发现，这一次是看变化。

变化在第二次青藏科考的首期成果中就清晰可见：青藏高原生态系统趋好的同时，潜在风险增加；亚洲水塔失衡，冰崩等新灾、巨灾频发；喜马拉雅山与冈底斯山隆升历史存在明显差异，导致新的生物演化模式……

姚檀栋说，过去50年来，青藏高原及其相邻地区冰川面积退缩了15%，高原多年冻土面积减少了16%；青藏高原大于1平方公里的湖泊数量从1081个增加到1236个，湖泊面积从4万平方公里增加到4.74万平方公里；雅鲁藏布江、印度河上游年径流量呈增加趋势，中亚阿姆河、锡尔河和塔里木河数十条支流径流量增长更为显著。亚洲水塔失衡伴随灾害频发，2016年西藏阿里地区阿汝冰川发生冰崩，造成严重人员伤亡和财产损失，威胁亚洲水塔命运，需要建立科学预警体系。

青藏高原逐渐变绿的同时也含有隐忧。姚檀栋介绍，过去35年间，青藏高原生长季平均植被指数显著增加，但2000年以来其增加趋势减缓；青藏高原碳汇功能显著增加，但未来气候变暖导致的冻土融化可能降低生态系统碳汇功能；高山树线上升增加了森林生物量，但压缩了高寒灌丛及草甸的生存空间，可能提高高海拔特有物种消失的风险；气候变暖对农业生态系统也造成潜在风险。

科考发现，冈底斯山先于喜马拉雅山隆升到现在的高度。喜马拉雅山阻挡南亚季风气团向北传输，使青藏高原逐渐变干变冷。高原隆升后，青藏地区生物形成“走出西藏”和“高原枢纽”共存的模式演化。

发布首期成果的同时，第二次青藏科考还提出色林错国家公园建设科学方案，以及第三极国家公园群建设建议，力争以研究成果服务区域协调发展战略，推动青藏高原生态安全科学研究、综合观测体系和能力建设、灾害风险评估预判，支撑青藏高原生态安全屏障优化体系建设。

姚檀栋介绍，青藏高原是世界屋脊、亚洲水塔，是地球第三极，是我国重要的生态安全屏障和战略资源储备基地，也是亚洲众多大江大河的发源地。2017年，我国时隔40余年启动第二次青藏科考，围绕亚洲水塔动态变化与影响等课题，组建60多支专题科考分队展开考察研究，一年来取得了首期成果，并凝练提升为科学发现和科学对策。

青藏高原这座“地球第三极”“世界上最后一方净土”，需要人类更深的探索、更好的守护。

尤为重要的是，经历了艰苦波折的青藏高原综合考察活动，渐渐聚合起一个以施雅风、刘东生、孙鸿烈三位中科院院士为代表的、愿意将一生贡献于这项伟大事业的科学家群体。这个群体在三位富有感召力、凝聚力、推动力的灵魂人物带领下，铸就了艰苦奋斗、团结协作、志在创新的团队精神。在他们身后，群山般屹立着数以百计的青藏科考队的中坚力量。同时，接力棒正在传递，更多的年轻人纷纷加入这支光荣的队伍，这个群体正像是青藏高原的化身，年轻，充满活力，正在迅速崛起。

第四章

勇攀高峰

一

中国的西部地区，群山汇集，高峰林立。

青藏高原被称为“世界屋脊”，喜马拉雅山被誉为世界第三极（即高极）。单就我国境内及边境中的喜马拉雅山而言，它便汇聚有海拔8000米以上的山峰5座，7000米以上的山峰达40余座，有着得天独厚的登山条件。

珠穆朗玛峰，一直是登山爱好者眼中的圣地。同时，和登山运动紧密联系在一起的中国高山科学考察，又是一门颇具特色的综合性边缘学科。从某种角度来说，在高海拔地区假如没有登山运动，科考人员去考察就相当困难。可以说，登山运动为科学考察提供机遇，科学考察也为登山活动助了一臂之力。

电影《攀登者》的上映，收获了一波波观视热潮，在感叹登山者无畏精神的同时，也让很多人回想起半个多世纪之前的中国登山队向珠峰发起冲刺，完成了世界首次北坡登顶这一壮举的故事。

然而鲜为人知的是，登顶珠峰在当时并不是一次纯粹竞技体育活动，而是一次具有特殊意义的科考。而且为了登顶珠峰，中国科学家为之准备了很多年。时至今日，对珠峰的考察还远未结束。

1957年11月，一封来自苏联的信件寄到了中共中央，信的落款是苏联部长会议体育运动委员会登山协会主席团，签名是苏联的12名知名登山运动员。他们在信中写道：“我们认为我们有责任向你们提出要求，要求允许组织苏中联合爬山队，以求在1959年3—6月登上埃佛勒斯峰，并以此作为中华人民共和国十周年纪念的献礼。”

“埃佛勒斯峰”是英国人自19世纪中叶起对珠穆朗玛峰的称呼，但在更早的由康熙下令绘制的木刻版《皇舆全览图》中，中国人已将这座山峰命名为“珠穆朗玛峰”。因此，中方后来回信时用了“珠穆朗玛峰”，之后，苏方也用了珠峰的称谓。

邀请中国共同攀登高山，苏联人并非一时兴起。

1923年，英国探险家乔治·马洛里被《纽约时报》问到为什么要攀登珠穆朗玛峰时，他回答说：“因为山在那里。”这是真实的答案吗？恐怕只有马洛里最清楚了！留下这句传世名言的马洛里，最终没能征服世界第一峰。1924年，他在珠峰的冰天雪地中彻底失联。

那么1957年，苏联提出和中国一起联合攀登珠峰，其真实的意图也不是那么简单。

珠穆朗玛峰海拔8848.13米，具有独特的自然地理条件、复杂的地质构造和举世无双的高度，是研究人类活动与环境相互作用过程的理想场所。当时珠峰地区相关的科学数据对于世界来说还是一片空白，首先珠峰的精准高度就没有。

新中国成立初期，苏联的科技水平比我们先进，而且也很想获得世界屋脊这一地区的科学资料，获得世界性突破。可以说，全世界科学界都在瞩目珠穆朗玛峰。可见，苏方所要求的攀登珠峰活动并不是一项单纯体育运动，而是有着重要的科学意义。

20世纪50年代，登山运动在苏联已经很普及。只是，苏联本国的高山并不多，且都被运动员们登顶过。1955年3月，时任中华全国总工会副主席刘宁一访问苏联时，对方就提出希望到中国攀登新疆的慕士塔格山和公格尔山。此时，刚刚成立6年的新中国百废待兴，群众体育运动还算蓬勃发展，但现代登山运动方面完全是一片空白。

1955年5月，在全苏工会中央理事会的邀请下，中华全国总工会借此选出了史占春、许竞、师秀、周正、杨德源、刘连满等12人前往苏联学习受训。培训期间，由许竞、师秀、周正、杨德源4名中国队员与苏联登山运动员联合组成帕米尔登山队，成功地登上了帕米尔高原海拔6673米的团结峰和海拔6780米的十月峰，创造了中国人的第一个登山纪录。

毛泽东主席得知这个纪录诞生后十分高兴，他鼓励登山运动员说，中国人就是要勇攀高峰。

第二年春天，苏方派出2名登山教练来华，在北京西郊八大处培训了新中国最早的一批40多名登山运动员。

培训结束后，以这批学员为主要队员的中国第一支登山队——中华全国总工会登山队，先登上了陕西秦岭主峰太白山（海拔3767米），后又与苏联合作登上了海拔7546米的新疆慕士塔格峰。

在中华全总组队时，贺龙元帅特别指出要吸收科学工作者参与。于是，登山队特邀了北大地球物理系教员丁行友、研究生崔之久和北大地质地理系教员马文璞三位随队考察。选入登山队的崔之久，被竺可桢教授邀请谈话，崔之久受宠若惊。竺可桢将约翰·亨特所著的《登埃夫勒斯峰》送给了他。竺可桢在扉页写道："崔之久同志，将登贡嘎山，赠此书以壮其行。"老年的崔教授回忆说："现在想想，这不仅仅勉励了我的登山事业，更是影响了我整个人生。"

1957年6月13日，由中华全国总工会所组织的登山队，成功地登上四川省境内的贡嘎山主峰（海拔7556米）。在这次登山活动中有崔之久、马文璞、丁行友三位科学工作者随行，沿途观察地形、冰川、采集岩石标本、记录气象要素等，收集到许多宝贵的资料。

他们三人随同登山运动员一起沿着贡嘎山西北山脊攀登到海拔6000米处，不幸遇到雪崩，三人同时被掩埋。丁行友罹难牺牲，另两位遇救脱险。这是中国科学工作者在登山活动中牺牲的众多英雄之一。

崔之久后来成为新中国自己培养出的第一代杰出地质地貌学家。1957—1966年随国家登山队攀登我国西部众多高山，对冰川冰缘地貌和第四纪地质做了大量科考工作，作为我国研究现代冰川的先驱者蜚声国内地学界。

崔之久曾写下了中国第一篇现代冰川论文，成为当时中国冰川研究《地理学报》被引用次数最多的论文。他为这篇论文加了一个特殊的副标题——纪念为征服贡嘎山而牺牲的战友。他在文中写道："当我被雪崩卷起而下坠时，我神志很清醒，脑海中闪现了'这下我完了'的念头，身体轻飘飘地数次被抛起又落下，最后停在冰洞的中部半坡时，正好头在上，脚在下，而身体却被深埋住不能动。残留落雪还在不停地打在我头上，并几乎要盖住头部，我努力侧过身面对上方，不停地用手扒开落下的散雪。最后雪崩停止时，我头部幸运地仍在外面。我正使劲挣扎时，听到了近处雪下发出'救命'的求救声。我用力拉前面的结组绳，拉不动，知道组长已被埋在雪下，再拉后面的结组绳，发现断了。我知道有一个人在等待我救援……正当我们庆幸终于爬出洞口脱险时，传来了丁行友遇难的消息，真的是当头一盆冰水浇下……"

贡嘎山中外闻名，在此以前曾经有许多中外学者前去考察，但都没有攀登到如此高度上。

二

1958年夏天，中苏双方在北京新侨饭店会谈，共同制订了攀登珠峰的三年行动计划：1958年侦察，1959年试登，1960年登顶，并达成共识，高山装备、高山食品由苏方负责，中方负责全部人员、物资从北京至珠峰山下的运输，以及较低海拔的物资装备。

为了配合国家登山队第一次攀登珠峰朗玛峰，中国科学院组织了一支46人的科学考察队，对珠穆朗玛峰地区进行自然地理、地质、地貌、气象、水文、植物、动物等方面的考察。这次科学考察在珠穆朗玛峰探险史上是空前的；考察范围包括珠穆朗玛峰的东、西、北侧海拔2500米到6500米的地区，面积约7000平方千米。经过5个月的野外考察和持续一年的气象水文观测，获得了许多有价值的科学资料。这些资料为首次登顶珠峰做了充分的科学准备。

1959年，考察队完成了包括最高峰东面的卡尔达地区，西面的绒辖地区和北面的绒布寺、定日、协格尔一带大约7000平方公里的考察任务。考察成果于1962年由科学出版社出版。这是我国关于世界最高峰地区最早的一本科学文献，填补了这方面的空白。

由于这是以攀登顶峰为目标的科学考察活动，此后珠峰登山队正式采用“中国珠穆朗玛峰登山队科学考察队”的名称。

按照中苏双方拟定的计划，中苏合登珠峰时需要运约40吨物资进山，如果不修路，单从日喀则到珠峰脚下，就得500匹牲口运上半个月左右。再加上登山队员和其他工作人员一路颠簸，耗费的时间和精力就更多了。

可是，要在这样的地方修一条进山公路，又谈何容易？西藏地区经济尚不发达，国家建设也正是处处用钱的时候，但为了支援中苏登山队，同时考虑到西藏今后经济发展的需求，中央还是特批了几百万元经费。就这样，1958年9月，400多名藏族民工和600多名军工在日喀则以西的荒野中，热火朝天地开工了。

按照中苏联合攀登珠峰的计划，1959年双方应共同到西藏试登。这年年初，中方全体人员率先抵达拉萨，开始了新一轮的集中训练。

然而，没有想到的是，由于当时中苏关系已经走向决裂，苏方队员最终单方面撤出，中苏联合登山队征服世界第一高峰的愿望，竟然无法继续了。

“我们自己干”，全体登山队员都憋着一口气，没有苏联人，中国人也能登上属于自己的高山！

1959年，16位气象和水文工作者已经提前一年前往珠峰山区，在海拔6400米等多处建立了气象服务台。他们在含氧量大约只有平原地区一半的地带，风雨无阻，每天定时放飞测风气球收集高空风数据，每隔几个小时采集室外百叶箱内的记录，通过无线电台收录来自北京、拉萨等地与珠峰大气环流相关的信息，再由绘图员作图，预报员预报、记录……

在这几百天里，他们进行着几乎与世隔绝的生活，只为了给正式攀登时提供最可靠的天气预报。

1960年5月24日夜里，中国登山队首次从北坡攀登珠穆朗玛峰，刘连满以主力队员身份与王富洲、贡布、屈银华共四人从海拔8500米的突击营地出发。

攀登至海拔8700米、被外国探险家称为不可逾越的天堑“第二台阶”处时，刘连满以“搭人梯”方式连续托顶三位登顶队员。由于体力严重透支，刘连满只能留下来，其余三人以最快的速度奔向顶峰。严重缺氧使刘连满进入半昏迷状态，窒息随时都可能发生，但考虑到队友下山时更需要氧气支撑，刘连满毅然将仅剩的氧气筒放回原来的地方，并用铅笔在日记本上给战友们留下了一封信：“我没有完成党和祖国交给我的艰巨任务。任务就由你们三个人去完成吧！我这氧气筒里还有点氧，留给你们三个人胜利回来时用吧，也许管用。你们的同志刘连满。”

点点星光映着雪光的珠峰高处，登山队员贡布打头，屈银华第二个，王富洲最后，三个黑影在模糊的夜色中摸索着前进。终于，他们惊喜地发现，前面没有路了，他们双脚已经踏上了世界之巅。这一时间被定格在1960年5月25日凌晨4点20分，中国人首次登上了珠穆朗玛峰，这也是人类首次从北坡攀登成功。

没有人留下这一幕的任何影像资料。

今天的我们无法想象，缺氧、寒冷、饥饿、干渴、无光的情况下，处于极限负荷的三位运动员到底是怎么抵达顶峰的，我们能够直接看到的，只有亲历者若干年后的回忆片段。

如今，60年过去了，除了珠穆朗玛峰这座世界之巅，全球14座海拔8000米以上的雪峰、世界七大洲的最高峰、南北两极的极点，都留下了中国人的足迹。在每次成功登顶之后，中国的登山英雄最重要的一项仪式就是将一面五星红旗骄傲地展示在雪峰之巅。

从科学角度看，中国首次珠峰科学考察是人类历史上空前的壮举，这是中国人对世界科学技术做出的贡献。珠峰科考的意义因为生物的特殊性、地质构造特殊的问题，以及大气环流，那么高的高峰对大气环流带来的影响等等。那么高的地区有它的特殊的意义，像低海拔的高原面上，海拔4000多米、5000多米看不到的现象，在这个高度上都可以看到。这四个方面基本上也是概括了青藏高原研究的四个主要方面，青藏高原研究无非是地球物理学、大气物理学、地表的过程和生物多样性，基本上也是这四个方面。而珠峰在这四个方面都是更有它特殊的地方。

三

1975年，中国再次组成珠穆朗玛峰登山科学考察分队，对珠穆朗玛峰地区进行地质、气象、高山生理与测量方面的考察研究，还进行了环境背景值（本底）和天然水体中氢氧同位素分布的研究。考察的范围主要是珠峰北坡直到顶峰的特高海拔地带。

同时，中国珠穆朗玛峰登山队要在这一年完成第二次登顶珠峰。因为1960年第一次登顶珠峰，没有留下影像资料，所以西方并不承认。这次登山就是中国向世界证明，这是中国的高峰，也是中国人绝对能踏上的高峰。

而且，这次登山还有一个壮举，就是要完成世界上第一次测量珠峰的精确高度。

珠峰高程数据一直被外国人垄断，我们的版图也使用外国数据，这与我国的大国地位极不相符。精确测定珠峰高程是国家尊严的象征，也是国家综合实力的体现。

从地质学的角度来讲，精确测定珠峰高程能为地质演变、合理有效地利用地球资源提供重要的基础数据，这在维护人类生存环境方面具有重要意义。

1975年3月，中国组织了一支434人的登山队，准备第二次攀登珠峰。其中运动员179人，包括女运动员36人，其余255人有科考、气象、通信、新闻、医务、交通运输、炊事及其他后勤人员，大部分人来自工农兵。当时登山队所具有的条件，不论是从人力、物力、技术等各方面来说，都不足以匹配登顶珠峰的需求。但是，这些困难并没有阻挡队员们攀登珠峰的热情。

1975年4月24日，由邬宗岳任队长的登顶突击队在大本营宣誓出发，并庄严地接过五星红旗和测绘顶峰用的金属三脚架——“觇标”。

自4月26日起，直到5月7日，一直都是不宜于登顶的大风坏天。以邬宗岳为首的突击队英雄们，在极端恶劣的天气条件下，仍然竭尽全力向顶峰前进。在这些日子里，珠峰顶部的“旗云”往往如万马奔腾，疾速地自西向东奔去，宛如“第三女神”在急速挥动哈达，暗示有智的登山者不要向顶峰前进。因为天气条件恶劣，4月底和5月初的两次冲顶没有成功，突击队员有不同程度受伤，不得不选择撤退。

1975年5月27日，我国登山史上一个伟大的、刻骨铭心的日子。

清晨，东方吐白，3颗红色信号弹从指挥所腾空而起，登山队员向珠峰发起最后的冲刺。分布在珠峰左右两肩之上的10个观测点，坚守了九个昼夜的测绘兵早已架好仪器，调节归准，盼望着那激动人心的时刻。

1975年5月27日下午14点30分：“目标出现，注意——交会！”距珠峰顶7—20公里、海拔5600—6300米，10个三角点上10部经纬仪同时瞄向珠峰，3米高红色测量觇标在白雪的映衬下，格外引人注目，有着惊心动魄的震撼。队员们共进行了4个不同时段、16个测回，水准、导线、天文、气象、重力、三角各方面测量，测得珠峰“雪面高度”（包括峰顶冰雪层）8849.05米，测得雪层深度为92厘米。由此而测得精确的高度为8848.13米，为世界最高峰的高程提供了确切数字。

1975年7月23日，中国政府授权新华社向全球宣布，中国测绘工作者精确测得世界最高峰珠穆朗玛峰的海拔高程为8848.13米。这一精确数据，为人类文明史增添了一组熠熠闪光的数字。

这一精确数据，是经过理论研究、严密计算和反复验证，扣除峰顶积雪深度得出来的结果，它的最大正负误差小于0.36米。

这一精确数据，立即得到联合国教科文组织和世界各国的承认，很快成为世界地图集和教科书上的权威数据。

这一精确数据，有利于国家对珠峰进行地质理论、高山生理、大气物理、水土污染等多学科的考察研究，为我国的科研事业提供了可靠依据。

1975年成功登上珠穆朗玛峰的中国登山队，将两件东西永久地留在了世界最高峰上：一件是用来测量珠峰高度的红色觇标，另一件是架设在一陡峭坡壁上的梯子。

红色觇标不仅帮助中国科学家测出了珠峰的高度是海拔8848.13米，而且还一度被各国登山健儿当作登顶珠峰的见证。从那以后，外国登山者登顶之后，都会在觇标旁拍照留念，一直到这个见证物被积雪覆盖。

而那架被外国登山者亲切地称为“中国梯”的金属梯子，则更为有名。这部梯子架设在位于海拔8700米高度、被称为“第二台阶”的陡壁处。自从有了这个梯子，“第二台阶”的攀爬更容易、更安全了。

中国人第二次成功登上珠峰，打消了外国登山界对中国人1960年首次登顶成功的怀疑。这是人类首次从珠峰北麓登顶成功。由于从珠峰北麓攀登路途更为艰险，而且此前外国登山者从中国一侧攀登均未成功，所以当时有人说中国队员在撒谎。可是，中国的第二支探险队伍在珠峰顶上，找到了当年中国登山队员埋在石堆中的记录登山时间、人数的纸，国旗和毛泽东的半身塑像，确凿地向“怀疑论”者证明了1960年中国健儿成功登顶的事实。

这种登山运动与高山科学考察的大协作，在珠穆朗玛峰登山运动中体现得淋漓尽致。登山运动为科学考察作出了重大贡献，在获得一些前人所未取得的科学成果中，都凝聚着登山运动员的血和汗。

1975年的中国登山队，除了对珠峰的高度进行了测量，还进行了许多科学实验。特别是9名登顶成功者在峰顶进行的90分钟无氧生理实验，获得了对高山病预防与治疗研究很有帮助的数据。为了配合冰川考察，在危险的冰暴区勇当开路先锋，帮助地质地形调查，每次登顶登山运动员都要采下岩石标本。在攀登珠峰时，他们曾难能可贵地采下九块岩石标本，供科研人员研究之用。

此外，在珠峰之顶还配合高山生理学家进行了脑电图等高山生理若干指标的测定。登山运动员还帮助采集不同高度的冰雪、空气等样品，提供许多高海拔地区珍贵的图片、资料等等。同样，攀登珠峰期间，气象科研人员为登山专门编制了天气图，和登山运动员一起，在现场提供了准确的天气预报。地质地貌人员随同登山运动员到达海拔六七千米的高度，调查了山峰的地质结构、地貌特征、冰川分布及冰裂缝、雪崩、滚石等基本情况，为保障登山活动的安全提供科学依据。

中国在登山和高山科考方面搞大协作是一条成功的经验，与登山队员并肩战斗的那些年里，科学家们从登山队员那里得到了有益的启示。如果在今后，登山家本身都是科学家，而许多科学家本身又是登山家，这是面向未来应当争取的方向。

事隔30多年，从事青藏科考的科学家们的眼前，仍然晃动着登山健儿向雪峰之巅一步步迈进的身影。他们的组织工作，他们的适应性行军、战胜困难、直达目标、突击登顶的单纯意志，尤其是“一根绳子、几条人命”的结组行动方式，给科学家们留下了深刻印象。登山活动生动地给出了一个实例：科学事业也正像是在登山，一样的群体精神，一样的必胜信念，一样的没有观众、无人喝彩的争夺冠军的赛事！所以很多人就分外欣赏登山界那句名言——“因为它在那里”。

希夏邦马，珠穆朗玛，青藏高原，因为它在那里，这本身就是诱惑和召唤。

登山精神，从一开始就贯注于青藏科考队伍之中了。回首以往，20世纪五六十年代的考察工作可谓步履艰难，不仅充满了初创时期的艰辛，更有迎面而来的危险和牺牲，还有来自国内外环境、舆论的影响。

但是，无论面对怎样复杂的内外部环境，这一时期的科学考察仍是战果辉煌。就其科学研究领域来说，这是一个填补科学空白、初涉理论问题的时期，为20世纪70年代至今、乃至自今而后中科院大规模、不间断地综合考察、深入研究浇铸了坚实基础。登山科考活动所奠定的基础犹如巨厚的岩石圈，强而有力地托举起青藏科考事业这一中国地质科学界的造山运动。

第五章 冰川密码

一

2019年9月，正值新中国成立70周年大庆前夕，新华社刊登了一则新闻，“寒冷干旱的中国西北正在变暖变湿”。

此消息说，据陕甘宁青等省份的气象部门研究结果显示，1961年以来，西北呈升温趋势，大部降水增多。2000年后暖湿化的新趋势更为显著。2018年，甘肃经历了近60年来第二大降水量，植被覆盖度为近18年最高，戈壁、荒漠面积减少，沙漠边缘外扩速度减缓，生态环境显著恢复。

这个消息令很多人欢欣鼓舞，这其中固然有多年的生态环保建设的功劳，但更让人们看到了贫瘠干旱的西北即将变成鱼米之乡的希望，要知道在上一个地球温暖期，这片土地上曾诞生了中国古代历史上最强盛的王朝——大唐。

但是，人们所期冀的绿色家园、山水如画的美好愿望真能实现吗？

令人遗憾的是，在这些环境统计数据背后，却隐藏着科学家们深深的忧虑。因为科学数据表明，中国西北地区1973年至2016年平均每10年升温0.45摄氏度，明显高于全国和全球平均水平。西北的冰川过快消亡后，融水量萎缩，失去了冰川，河流的汛期将变得极度不稳定，区域水资源和生态环境将有急剧恶化的危险。这些数据与人们美好的愿望相悖，难道是科学家错了吗？

东起乌鞘岭，西接吐哈盆地，武威、张掖、金昌、敦煌、酒泉、嘉峪关等城市明珠镶嵌其中，这就是河西走廊。它不仅有着古丝绸之道的神秘和辉煌，也是今日甘肃的“米袋子”“菜篮子”。甘肃省32%的粮食、70%的商品粮、99%的棉花、35%的油料和50%的瓜果蔬菜都出产于此地。

水是生命之源，人类的生存和发展不可能离开水。同样，河西走廊的富饶物产与生产生活也离不开水。而世界上供人类生存的淡水资源几乎都来自冰川，所以冰川在某种意义上来说是人类的生存屏障。而中国西部的生态安全屏障就是——祁连山。

“祁连山”之名源自古代匈奴，在古匈奴语中，“祁连”意即“天”，祁连山因此而得名“天山”；又因位于河西走廊以南，故称南山。唐代诗人李白的“明月出天山，苍茫云海间；长风几万里，吹度玉门关”中之“天山”就是指祁连山。

祁连山的每一个山峰都显得气势雄伟，人称是“石骨峥嵘，鸟道盘错”。这些由冰雪和石头凝成的奇形怪状、棱角分明的脉脊，犹如用巨斧劈雕过一般。至于因高山上终年积雪而形成宽阔硕长的冰川，那是雪山的一绝！冰川长年不融化，好似披挂在雪山众神身上条条洁白的“哈达”。它们千姿百态，躺卧在雪山上，如白虎藏匿，如银蛇盘绕；在正午阳光的照射下，有如钻石发出万簇光芒；在霞光的色染中，冰川则有无法描摹的瑰丽。

没有祁连山冰川，就没有河西走廊。

在河西地区，降雨量远低于蒸发量，唯一的水源就是祁连山冰川。祁连山冰川一年融化的72.6亿立方米水，汇成了河西走廊的生命线。

由于气候变暖，地面最高的地方的气温，每10年上升0.3℃，也就是说从现在开始100年以后，全球地面温度会上升3℃，但高山冰川地区上升的温度至少将是地面上升温度的两倍。如此，我国高山冰川融化就可能面临严重的形势。青藏高原是我国长江、黄河、雅鲁藏布江三条重要河流的发源地，而水源则来自夏季冰川缓慢的融化，如果冰川随着气候变暖在短时期内消失，那么，中国的东部和南部都将失去清洁的水源供应，其深刻的影响远远超过冰川融化本身。

近年来，祁连山冰川融水比20世纪的70年代减少了大约10亿立方米。祁连山冰川局部地区的雪线正以年均2—6.5米的速度上升，有些地区的雪线年均后退竟达12.5—22.5米。

因为水源减少，近10年来自然生态环境严重恶化，加上北方强冷空气南下引起的“狭管效应”，北临腾格里和巴丹吉林沙漠，面积达12万平方公里的戈壁和沙地、绵延1000多公里的河西走廊地区以及内蒙古阿拉善盟地区，目前已经成为中国北方强度最大的沙尘暴策源地。

自“一带一路”提出以来，国家便赋予位于河西走廊的甘肃“联结欧亚大陆桥的战略通道和沟通西南、西北的交通枢纽，西北乃至全国的重要生态安全屏障”的战略定位。祁连山的雪水滋养并衍生的黑河、石羊河、疏勒河，滋养了河西走廊。如果祁连山生态遭到破坏，这里将面临第二个“楼兰古国”的命运，“一带一路”建设将无从谈起。所以，中国西部的生态安全离不开祁连山，而祁连山也不能没有冰川！

二

早在60多年前，一位睿智的中国科学家敏锐的目光就已关注着祁连山的冰川，他穷尽一生的精力，默默研究和守护着这片中国西北的生命之源，他就是"中国现代冰川之父"——施雅风。

施雅风，中国科学院院士，著名地理学家、冰川学家，中国冰川学的奠基人，中国冻土学和泥石流研究的开创者。他一生致力于冰川学和地理学研究，领导和促进开展冻土学与泥石流的研究，在发展中国地貌学、干旱区水文学、青藏高原综合科学考察、第四纪气候和环境变化研究等方面都做出了突出贡献。

1957年，施雅风参加祁连山西段地质考察，在山脚下，他远远看到一片茫茫的白色，那是他第一次见到冰川，可他与冰川的缘分，却始于中国西北地区那片广袤的荒漠。

中国西北的干旱由来已久。仅在甘肃境内，自西向东，绵延千里。虽然祁连山上冰雪遍布，而山下却是荒漠无尽。多少年来，这种现状一直困扰着当地居民的生存发展。也是在这一年，承担了地貌区划研究任务的施雅风，亲眼目睹了当地百姓面对颗粒无收的干旱土地欲哭无泪，拜神求雨的场面，这深深刺激了他。祁连山脉里大规模的冰川资源和西北地区严重的干旱形成强烈对比，使他有了用祁连山的冰川水源灌溉西北干旱地区的设想。他提出了开展祁连山现代冰川考察和融冰化雪试验研究，并将这个设想汇报给了当时中国科学院副院长竺可桢。

1958年，甘肃省和中国科学院商定，考察西北地区的水文状况，查明祁连山的冰雪分布，为实现大规模的融化冰雪，解决当地的干旱问题创造条件。于是，在中科院地理研究所任职的施雅风主持下，中国第一支高山冰雪利用考察队由此建立。这支考察队带着"开发高山冰雪，改变西北干旱"的目的来到兰州。

1958年6月，施雅风带着中国第一支冰川考察队的100余人向着祁连山的各条支脉进军。应该说，这支冰川考察队建立的初衷是以“向冰川要水”为目的，为的是利用冰川地区的水源解决困扰西北地区的干旱局面，这与当时国家经济建设的需要符合，是一种考察利用的性质。随着考察研究的深入，关于冰川的科学研究才上升到一个更重要的高度。

考察队来到祁连山脚下，所有队员都被冰川的奇美景色所吸引。队里的大部分成员都是第一次见到冰川。面对这些生疏的庞然大物，从哪里着手？要做些什么？队员们毫无头绪，一筹莫展。

6月下旬，施雅风率领祁连山高山冰雪利用研究队，进驻祁连山北大河柳沟、泉沟，搭起一群古旧的马式帐篷，以露天席地的方式开始了中国首次冰川学学习班。授课者是来自苏联的冰川学家道尔古辛教授，听课的都是一些初入冰川学门的青年学子，他们中的大部分在后来成为中国冰川研究的主力。

授课从冰川形成开始，继而是冰川的组成结构、冰川类型、冰川运动、冰川积消等等。这些内容虽然只是冰川学的入门知识，但作为初学冰川学的青年人却甚感深奥，都聚精会神地听讲。从基础知识到测量方法，专家们现场教学，队员们现学现用。

授课结束后，考察队开始对附近较大的冰川进行了一次实习性考察。施雅风和队部决定7月1日上冰川考察。早饭后，数十名队员沿谷地而上，越走海拔越高，到达海拔4000米的时候，一些人出现高山缺氧反应，但大家坚持继续前进。将近中午，他们翻过一座陡峭的小山，一条巨大的冰川出现在他们的视野里：冰舌婀娜有姿，冰河晶亮，向南延伸远去，一眼望不到尽头。

只见蓝天白云下一片晶莹耀眼的冰雪世界，冰川景观奇特，远望似银河倒挂，白练悬垂；近看则冰舌斜伸，冰墙矗立，冰帘垂吊，冰斗深陷，神秘莫测。这就是考察队员们所见到的第一条冰川，壮观的冰川景象深深震撼了所有人！

大家兴奋地从冰舌处爬上冰面，一边向上攀登，一边进行各种测量、取样和考察工作。经过两三个小时的艰难攀登，一部分人顺利登达冰川的至高点，经测量冰峰的海拔为5145米。这条冰川上宽下窄，上面由4个粒雪盆组成，下面伸出一条很长的冰舌，是一条冰斗形山谷冰川，冰川的厚度大约在100米左右。后来从航空照片上测算，这条冰川总长为3.5公里，最宽的地方2.4公里，估算至少有1.6亿立方的储水量，相当于北京十三陵水库蓄水量的两倍。

午后大家陆续下山，施雅风和道尔古辛等一起往回走，队员们都欢声笑语地谈感受、提问题。在谈到给冰川命名时，道尔古辛介绍了苏联的经验：用科学家命名，比如他在考察北乌拉尔山时就有同事将一条冰川命名为道尔古辛冰川；也有以学术团体命名的，如苏联科学院冰川、苏联地理学会冰川等。不知谁说了，今天是“七一”党的生日，就将这条冰川命名为“七一冰川”吧。

第二日早晨，队部领导开会决定向北京中国科学院院部通电告捷，施雅风在拟发电报中说，这条冰川大约相当于两个十三陵水库的蓄水量，并提出将这条冰川命名为“七一冰川”以纪念党的生日的意见。

7月2日上午，北京中国科学院院领导回电，向冰雪队表示祝贺和鼓励。当晚8时，冰雪队收到了院部的贺电。消息一传开，高山营地顿时响起了一阵欢呼声。“七一冰川”是祁连山众多冰川中离城市最近的一个。它与新疆的“天山一号冰川”并称为亚洲距城市最近的冰川。这是中国人自己发现并命名的第一条冰川，是中国冰川科学的奠基石。

三

自7月1日开始的十多天，为冰雪队现场训练阶段。由道尔古辛讲授冰川学基础知识和考察方法，中国登山队史占春队长亲自来到“七一冰川”，现场讲授各种结绳方法和冰雪面作业等登山技术。气象学家高由禧先生领导冰川气象观测，兰州水文总站来的陈满祥负责冰川水文观测。一场包括冰川地貌、冰川气象水文和冰川测绘的考察工作在“七一冰川”展开了，这也成为以后各分队冰川考察的样板。

当时，考察队的物质条件异常艰苦。没有钉鞋，只能模仿猎人在鞋底绑上钉子；没有羽绒服，只能穿着粗布老棉袄；没有地形图，只能利用航空照片进行定位判断……为了在帐篷中取暖，队员们还自行发明了一种“土桑拿”：用柴火将大块石头烧烫，再把水浇到石头上，便能产生大量水蒸气。即便如此，考察的进展还是突飞猛进，仅在3个月内，队伍就完成了900多条大小冰川的考察。之后不久，参照国际冰川研究的经验，考察队还在祁连山大雪山老虎沟冰川建立了第一个冰川观测站，以使野外调查工作转入定位定量研究。

这一次考察成果丰硕，基本摸清了祁连山冰川资源的分布和数量。1959年，由施雅风主持撰写的40余万字的《祁连山现代冰川考察报告》问世，成为我国第一部较为完整的冰川考察报告。这是中国学者撰写的第一部区域性冰川学专著，填补了我国冰川研究的空白。

祁连山的冰川面积，比20世纪70年代减少了21%，海拔4000米以下的冰川已完全消失，冰川命运的转折点也已到来。当冰川消融时，它成为“江湖”的源头和人类文明的哺育者。可以说，有了冰川融水，才有了中国西北的一个个绿洲，才有了丝绸之路、河西走廊与新疆的绿洲文明。从这个角度看，祁连山冰川的科考意义重大，可以说，祁连山冰川考察活动开启了中国冰川研究的序幕，也是中国冰川研究史上的里程碑。

自1957年在祁连山上踏下第一个脚印开始，施雅风便与冰川紧紧地联系在一起。1960年，严重的自然灾害席卷全国，刚刚起步的冰川研究事业受到巨大冲击，施雅风成为正在筹建的兰州冰川冻土研究所唯一一位高级研究人员。在强烈的责任心驱使下，施雅风毅然举家从北京迁往兰州。经过多年筹备，我国第一个冰川研究单位——兰州冰川冻土研究所于1965年成立。

祁连山冰川考察之后的几年里，冰川考察的范围逐渐扩大，从天山山脉的主要山峰，到慕士塔格峰，再到公格尔山，及至青藏高原。

随着一系列冰川考察的成功，中国的冰川事业开始从空白变得精彩，而且还走向了世界的大舞台。

四

1964年，施雅风又接受了一项新任务：组织一支科学考察队，配合中国登山队攀登希夏邦马峰。

施雅风找到了刘东生，询问他愿不愿去希峰考察。刘东生正在做着黄土研究的工作，刚刚完成一本专著的写作，下一步的工作正在拟定中，所以有空余档期。结果双方一拍即合，欣然同往。刘东生就这样当上了希峰科考队的副队长，这次考察对于他的黄土研究和第四纪冰川研究的重要意义，在希峰野外开始显现。

希夏邦马峰位于喜马拉雅山脉的中段，西距珠峰120千米，是唯一一座完全在中国境内的海拔8000米以上山峰，也是当时全球14座海拔8000米以上唯一的一座未登峰。它的海拔高程，在此前的文献和地图上很不一致。此次考察中，考察队以交会法多点对主峰进行水平角和垂直角观测，最终确认主峰高程为海拔8012米。同时为希夏邦马峰重新定名：原地图上名为“高僧赞”，系出梵文，当地并无此称谓。所以，沿用当地传统名称“希夏邦马”，在藏语中是此地高山气候严酷之意。

施雅风、刘东生联袂主持的1964年希夏邦马峰科学考察，由于其超强的阵容、格外丰硕的业绩，至今仍为中国地学界所称道，被奉为野外工作的样板。二人当时正值盛年，分别是45岁和47岁，早已在国内地学界盛名之下，犹如地质科学界的神祇，分别被称为“中国现代冰川之父”和“中国黄土之父”。当他们的目光一致瞄准了青藏高原，并踏上了这片科学世界的高寒沃土，就为这项前无古人的事业带来了季风暖雨，就宣示了青藏科考基础研究新纪元的肇始。

施雅风和刘东生既是希峰科考的主持者，又各操已业：一个与冰雪打交道，另一个与地质打交道。

这次的考察并没有让人失望，科考队在这里发现了一种特别的冰川景象——冰塔林。施雅风和崔之久、郑本兴、季子修等一群冰川学家穿行在希夏邦马峰北坡的冰塔林中，置身于阳光照耀下的银白世界，所有人都被这大自然的奇观所震撼！

冰塔林是低纬度高海拔山区特有的大陆性冰川奇异景观：因为海拔高，巨厚冰川得以形成；因为纬度低及阳光折射作用，造成冰川蒸发、消融与升华的不平衡，才形成了大规模的冰塔林奇观；冰塔相对高度自数米到30米参差错落，形态简单的如丘如堡，形态复杂的则仪态万方。

穿行在晶莹闪耀的冰塔林中，宛如步入仙境。四处张望，只见冰路通幽，幽处皆冰；冰塔崖壁间，错落着明镜般的冰湖，贯穿着曲折的冰沟和幽深的冰洞，冰沟与冰洞上架设着雪桥，雪桥下悬挂着流苏般的冰钟乳。还有遍地的冰芽、冰笋、冰蘑和冰杯，冰塔环状生长处，犹如莲花瓣绽开，真正美丽而神奇。

置身于仙境般的水晶园林中，全然忘怀了这是海拔五六千米的高度。大家喘着气议论纷纷，赞不绝口，一致的意见是：在希夏邦马峰各种宏伟奇特的自然景象中，冰塔林是最引人入胜的。

后来出版的《希夏邦马峰地区科学考察初步报告》中，针对冰塔林给出了这样的解释：冰川表面发育的裂缝将冰川切成不同的块体。由于希夏邦马峰纬度低，高角度的太阳光可以照射到裂缝深处，裂缝不断加深，冰塔不断加高。希夏邦马峰可以看到三种类型的冰塔：刚形成的冰塔，底部连接的冰塔，孤立的冰塔。

这是全球第一次对冰塔林的成因进行讨论。中国又一次走到了世界最前面。

随后的考察中，施雅风带领冰川所的几位年轻人，攀登到海拔6200米左右的冰碛山顶，看到了最古老的冰川堆积，第一次领略到低纬度极高山的气候与冰川特征。他们每天进行冰川测图，观察冰结构、冰温度、冰川形成条件、冰塔林发育和消融形态，对于希峰地区古冰川作用也作以探讨。这些基础资料为30年后属于国际前沿的冰芯研究提供了基本依据。

30年后，施雅风培养的博士姚檀栋，在希峰海拔7000米处的达索普冰川，钻取了三根分别长达160米的冰岩芯，冰芯底部已达70万年。在高分辨率恢复古环境气候方面，冰芯研究独具优势。

1964年5月2日，我国有十名登山运动员登上了希夏邦马峰。这次考察测量结果：最高的峰尖为8012.06米，另外两个峰尖为7998.55米和7966.03米：该峰北坡的野博康加勒冰川为一单式山谷冰川，长13.5公里；雪线在6000米左右；冰舌末端达到5530米。地质方面测制了1∶5万地质路线图及1∶20万地质路线图。

考察队通过对冰川进行各种观测，包括观察冰结构、冰温度、冰川形成条件、冰塔林发育和消融形态，对希夏邦马峰地区的古冰川作用也进行了探讨，初步划分出了四次冰期。这些基础资料为后来喜马拉雅山区冰川研究开了好头。希夏邦马峰的考察，成为1966年开始的、对世界第一高峰——珠穆朗玛峰和西藏地区大规模科学考察的前奏。

这是一次全方位的考察，既有描述性的填补空白，同时又有理性化的深入研究，一些新的课题随之被提出；他们所象征的科学思想的导入，使得冰川科考这项事业各学科之间不再各自为战，而是交叉交流、融会贯通。这次考察结果在1964年北京科学讨论会上作了宣布。中央新闻电影制片厂拍摄的《探索希夏邦马峰的奥秘》一片，就是此次登山科学考察的历史记录。此次考察的全部科学成果由科学出版社出版。

领略了冰川风情的施雅风由衷感叹：冰川事业真是一项豪迈的

事业，是勇敢者的事业啊！这句话后来成为一句名言，并被中国现代冰川学界众多的后来者当作激励自己前行的座右铭。这是属于所有热爱冰雪世界的人们最大的骄傲。

五

在中国的西部，有一片“冰冻星球”，厚厚的冰体覆盖了51776平方千米的土地。即便放眼整个地球，也再没有如此巨大规模的冰川，能发育在中低纬度地区。

中国究竟有多少冰川？世界向中国抛来了这样一个问题。

1978年，国际冰川编目工作会议召开，要求每个国家对各自冰川的位置、高度、面积和体积等40项参数进行规范编目。当时的中科院兰州冰川冻土所，作为名副其实的冰川研究国家队，自然承担了这项艰巨的任务。作为所长的施雅风，无疑承受了巨大的压力。这是中国的冰川学第一次走向世界，接受考验，可是有太多的困难需要面对。

当时除了祁连山完成大面积考察之外，其余山脉只有零星的研究成果。其次，国际标准规范要求包括40项参数，都需要一一获取。再有，当时技术手段的落后，使得很多工作只能进行手工量算和录入。

巨大的挑战落到了前几次大规模冰川考察培养出的科学家们身上。他们如同星星之火，一系列的冰川考察随即轰轰烈烈地展开。

6500万年以来，青藏高原持续隆升，高原内部及周边的降水量、温度，出现显著分异，三种不同类型的冰川，开始了各自的生长。

高原西北部及中部的高山，因为深处内陆而气候干燥，年降水量仅有200—500mm，但是这里即便是夏季，平均气温也低于-1℃，大气中的水汽凝结形成的降雪，可以年复一年不断堆积压实，很少消融。结构疏松的新雪受压，变成了致密的粒雪。粒雪又重新结晶变成更紧致的粒状冰，粒状冰进一步受压，孔隙基本闭合，历经数年到数十年，形成了一种浅蓝色的物质，冰川冰。当冰川冰在重力作用下发生流动，冰川便诞生了。这种降水稀少、成冰温度较低、累积时间漫长的冰川，被称为极大陆型冰川。它积累慢、消融慢，运动速度也极为缓慢，平均每年仅移动数米到数十米，是冰川中的敦厚长者，其面积约占中国冰川总面积的32%。

但青藏高原不全是干冷的气候，它的隆起改变了行星风系，来自太平洋的东亚季风，以及来自印度洋的南亚季风，携带着大量水汽进入高原的东南部群山、高山上。虽然夏季平均气温在1—5℃，冰雪快速消融，但是年降水量却高达1000—3000mm，消融快，补给更快，融水渗浸到粒雪周围，再冻结成冰，这种冰川被称为海洋型冰川，面积约占中国冰川总面积的22%。

在高寒的昆仑山脉最西端，7000米级的公格尔峰发育出了面积高达115.16平方千米的极大陆型冰川——可拉牙依拉克冰川，它比北京市东城西城面积之和还要大。再往东以海拔7167米的昆仑峰为中心，连片的高海拔山地，形成了中国最大的冰川作用区，也是中国巨型冰川最为集中的区域。第三类冰川——亚大陆型冰川，则位于前两类冰川之间的过渡地带，年均降水量约500—1000mm，夏季平均气温0—3℃，积累与消融速度、运动速度，也都居于两者之间，其面积约占中国冰川总面积的46%，是中国分布最广的冰川类型。

22%的海洋型冰川、32%的极大陆型冰川，以及46%的亚大陆型冰川，组成了中国丰富多彩的冰川家族。

这一次，考察队从北向南，走遍了祁连山，阿尔泰山，天山，帕米尔高原，昆仑山，喀喇昆仑山，喜马拉雅山，念青唐古拉山，横断山……这项工作持续了24年，前后野外考察30多次，12卷23册《中国冰川目录》终于编制完成，获得了我国49206条冰川包括名称、位置、长度、面积、储量等30多项参数的系统信息。

这不仅仅是一个数字，这是中国人第一次认清了自己的冰川“家底”。中国也成为唯一一个全面完成冰川编目的国家，领先于美国、俄罗斯等冰川大国。

为了更多地了解冰川，为了更多地留住冰川，以施雅风为首的老一辈科学家开创的我国冰川科学研究始于祁连山，在惠及西部、产生国际影响的同时，也为“一带一路”经济建设作出了重要贡献。他们在冰川科学领域树起了一面旗帜，在这面旗帜下，群山般屹立着数以百计的中坚力量，有的已两鬓染风霜，而更多的年轻人已加入这支队伍，继续传递着中国冰川事业的接力棒……

“高山仰止，景行行止，虽不能至，然心向往之。”施雅风先生作为中国冰川学研究里程碑式的人物，其科学思想和学术成就开创了中国第四纪冰川研究事业，也为世界地理学的发展作出了卓越的贡献。

2017年8月，第二次青藏高原综合科学考察研究在拉萨启动，将对青藏高原的水、生态、人类活动等环境问题进行进一步深入的考察研究，而对冰川的考察，就是其中最重要的课题之一。

第六章
大江东去

一

长江、黄河、澜沧江这三条大江大河，千万年来不倦地向东和向南滔滔流淌，滋润和养育着中国大地的风华万物，衍生出灿烂的中华文明。而这三条江的源头，就是我国面积最大的天然湿地分布区——三江源地区，山川壮丽，水丰草美。

习近平总书记2016年视察青海时强调，青海生态地位重要而特殊，必须担负起保护三江源、保护“中华水塔”的重大责任，确保一江清水向东流。

由于气候变暖和人类活动等原因，生态极为敏感和脆弱的三江源地区的面貌，已经发生了很大的变化，生态和环境恶化的局面相当严重。长江水土严重流失，黄河频频出现断流，澜沧江也是危机重重。保护三江源地区的生态安全一直是中国政府和科学家们最重大的使命！从三江源的发现到推动三江源生态保护，中国科学家们走过了一段漫长和艰辛的路程。

世界著名江河源头的确定，一直被视为重大的地理发现。从古至今，各方科考人员追本溯源，对长江、黄河、澜沧江的源头进行了多次考察，但源头的具体位置，一直没有一个统一和科学的定论。

长江、黄河是中华民族的母亲河，澜沧江流经中国、缅甸、老挝、泰国等6个国家，被誉为东方多瑙河。青藏高原是它们的初始流出之地，亿万年的流动便是从这里出发，流向中华大地，孕育着无数生命。

人们一直用“万里长江”来形容波澜壮阔、富饶美丽、世界闻名的伟大河流——长江。其源头深居青藏高原腹地，可是它的源头究竟在青藏高原什么地方，一直是一个被地理学家争议不断的课题。长久以来，中外探险家从未曾到达青藏高原腹地，无法实地测绘资料。因此对长江源众说纷纭、莫衷一是，成为地理学上的一块空白。所以寻找它的源头，成了从古至今，人们孜孜不倦、前赴后继的使命。

早在战国时期，《尚书·禹贡》中就有关于长江源头的记载。《禹贡》记载“岷山导江”，这里的岷山不是今四川省内的岷山，而是指嘉陵江上游西汉水的源头嶓冢山。所以当时的人们认为长江的正源是嘉陵江。北魏郦道元《水经注》中，也认为岷江或嘉陵江是长江的正源。

到了清朝，康熙皇帝为了编纂中国第一本地图集《皇舆全图》，曾派人实地探查长江源区，但是面对三江源地区密如蛛网的河流体系，考察的人只得出“江源如帚，分散甚阔”的结论。

关于黄河的源头，历史上也有很多种说法，《山海经》中记载：昆仑之丘河水出焉……意思是说，黄河的水来自一个叫昆仑的地方，自此便有了河出昆仑之说。著名诗人李白的一句：黄河西来绝昆仑，咆哮万里触龙门。令“河出昆仑”的说法更加广为流传了。那么黄河之水究竟是从哪里来的呢？

在地图上，除了长江、黄河，我们还能清晰地看到澜沧江的脉络。澜沧江由青海进入西藏，再流经云南出中国国境后流经缅甸、老挝、泰国、柬埔寨、越南，然后注入南海。这是一条国际河流，在国外，澜沧江也被称为湄公河、湄南河，意为众水之母、众水之河，作为流经六国的文化走廊、天然水道，哺育着不同语言不同国家的两岸生灵及万物，创造了东南亚地区悠久的文明。

明代徐霞客所著的《江源考》，根据中国山脉大势与江河源流的关系，断定黄河发源于昆仑之北，长江发源于昆仑之南。但是由于当时条件的限制，他只是到了云南丽江，再未能溯江西上探明究竟，所以对于澜沧江的源头，徐霞客没有给出结论。

《山海经》中和徐霞客说的这个昆仑究竟在哪里？那里真是长江、黄河的发源地吗？

古代之昆仑山有两种所指：一指昆仑山脉，另一指在昆仑山脉上靠东边位置的昆仑山。在中华民族的文化史上，昆仑山具有“万山之祖”的显赫地位，是中国人内心深处的一种文化情结，古人称昆仑山为中华“龙脉之祖”。古代神话认为昆仑山中居住着一位神仙“西王母”，人头豹身，由两只青鸟侍奉，是道教正神，与东王公分掌男女修仙登引之事。

中国上古流传下来的神话传说很多都与昆仑山有关，被认为是炎黄子孙的发源地。由于昆仑山一直与“河源”相联系，又有“导河积石”之说，昆仑山的范围，则随着中原人民对河源的认识而变化。然而，现实中的昆仑山并非许多神话里所提到的那座“昆仑山”，而是昆仑山脉。

横贯于中国西部版图的昆仑山脉，是亚洲中部大山系，也是中国西部山系的主干。它西起帕米尔高原东部，横贯新疆、西藏间，伸延至青海境内，全长约2500公里，平均海拔5500—6000米，宽130—200公里，西窄东宽，总面积达50多万平方千米，是名副其实的众山之王，中华大地真正的脊梁。

那么，昆仑山脉是不是长江、黄河乃至澜沧江的发源地呢？

1956年，由长江流域规划办公室[1]第一次组织人力在曲麻莱等地实地考察，当时得出结论：长江源头分南北二源，南源为木鲁乌苏河，发源于唐古拉山北麓；北源为楚玛尔河，发源于可可西里山南麓。

这个结论显示，长江的发源地的地理位置和徐霞客所推测的基本相似，只不过不在昆仑山，而是在唐古拉山。但徐霞客没有想到的是，黄河、长江、澜沧江竟发源于同一个地方——三江源区域。

1976年，长江流域规划办公室组织进行了第一次长江源考察，这是历史上首次对长江源头水系及其发源地的科学探查。

从当时出版的地图上看，青海省西南部昆仑山脉与唐古拉山脉之间的长江源地区，海拔约在4500—5000米，青藏公路纵贯南北，沿公路有几处居民点，公路以西一直到藏北羌塘一带都是没有居民点的“无人区”。主要河流有三条：当曲在公路以东，上游反转东南，地势较低；楚玛尔河和沱沱河上游延伸至公路以西的高原腹地，沱沱河下游与木鲁乌苏河流向顺直贯通，再东流甚远才有楚玛尔河汇入，沱沱河明显较长，卫星照片显示，沱沱河南折100余公里。

1976年7月6日，由来自长江流域规划办公室、人民画报社、中央新闻纪录电影制片厂以及原兰州军区第六测绘大队等单位的同志，共25人组成的长江源头考察队从西宁整装出发，开始了为期两个多月的长江寻源之路。

在向长江源头行进的路上，长江源头考察队碰到的最大的困难来自大自然。行进中，考察队的车经常会陷进河流或沼泽中，这时，队员们只能跳进冰冷刺骨的水中推车。在高原，走路都很困难，用力

① 编者注：长江流域规划办公室，今为长江流域水利委员会，下同。

推车时，大家都是大口大口喘气，疲惫异常。到了车上，大家甚至无暇欣赏沿途美丽的风光，因为缺氧而造成的头疼、目眩折磨着每一名成员。

考察队的每一位同志，永远都不会忘记1976年8月24日这一天，因为就在这一天，他们找到了长江真正的源头——沱沱河源。

8月24日晨，天色放晴。考察队向着两条冰川中间的姜根迪如雪峰攀登，队员们忍着剧烈的高山反应，每前进几步，就要休息一次，最后终于用了两个半小时到达了海拔5800米的雪线附近。此时，居高临下，两条“玉龙”的壮观景象尽收眼底。12.8公里长的南侧冰川和10.3公里长的北侧冰川，呈钳状环绕在姜根迪如雪山两侧，两条冰川的冰舌段，都发育着绵延数公里的冰塔林。考察队发现了长江的最初水源出水处，那里水深约0.2米至0.3米，宽度3.5米左右，水质清澈见底，纯净可口。

经过实际观察，考察队发现：长江上源伸入唐古拉山与昆仑山之间，有大大小小几十条河流，较大的为楚玛尔河、沱沱河、当曲。长江的正源头应为唐古拉山主峰格拉丹东雪山，格拉丹东雪山上段是巨大的姜根迪如冰川，融水形成的点点滴滴，便是长江的初始流出。

1978年1月13日，新华社正式报道，国内报纸普遍刊登消息：“经长江流域规划办公室组织查勘的结果表明，长江源头不在巴颜喀拉山南麓，而是在唐古拉山脉主峰各拉丹冬雪山西南侧的沱沱河；长江全长不止5800公里，而是6300公里。”

此后，《辞海》、教科书和有关书籍相继采用了这次考察的成果。至此，长江成了仅次于非洲尼罗河和南美洲亚马孙河的世界第三大河流。然而这个结论，虽然比过去大大前进了一步，但是那次考察还是没有找到长江真正的源头。在国际地理学界，普遍采用“河源唯远”的原则，即将河流整个流域中距入海口最远的源流对应的源头定义为这条河流的源头。因为长江源头始终没有定论，所以关于长江的真正长度也一直没有确定的答案。

位居我国第二大长河的黄河发源于青海省南部高原巴颜喀拉山北麓。自古以来，人们对黄河源头地理位置的考察从未停止。1952年，黄河水利委员会确定玛曲是黄河正源。1978年，青海省人民政府确定卡日曲是黄河正源。1985年，黄河水利委员会根据历史传统和各方面意见，确认约古宗列曲为黄河上源之干流。这样不同的表述已出现混乱，黄河源头的表述亟需统一。

根据这次科考，黄河以玛多黄河沿大桥为起算点，卡日曲最长的源头——那扎陇查河长度为362.63千米，比玛曲最长的支流约古宗列曲的长度326.09千米长36.54千米。卡日曲的流量是玛曲的两倍。专家认为，以河源唯远的原则，卡日曲应为黄河源头。

澜沧江源头的探寻，比长江、黄河要晚得多。对于澜沧江源头的历史，史料记载基本是一片空白。过去人们只知道澜沧江的源头大致位于玉树州杂多县北部的冰山之间。然而，澜沧江源区支流众多，在扎阿曲和扎那曲的汇合处（尕松那多）上游地区，共有近400条大小支流，到底哪一支雪峰冰川才是真正的澜沧江正源源头，学术界没有一个准确的定论。

1999年6月，中国科学探险学会18位专家组成的科学考察队踏上了寻找江源的旅程。只见澜沧江源区河网纵横，水流杂处湖沼密布，通过对扎那曲、扎阿曲的实测对比，认为扎阿曲应是澜沧江正源。

2008年9月6日至10月16日，三江源头科学考察队以专家委员会通过评审的《三江源头科学考察技术方案》为依据，利用现代测绘技术实地考察、采集整理数据，最终确定了三江源头的精确地理位置信息数据，科考队的《三江源头科学考察成果》通过了评审委员会的评审。科学考察成果显示，黄河源头为卡日曲，长江源头为当曲，澜沧江源头为扎阿曲。

三江源头这个地区的长江的水量占到长江总水量的25%，黄河的水量占黄河总水量的49%，而澜沧江在这个地区的水量占澜沧江出境水量的15%。然而目前三江源的脆弱却让人忧心忡忡，湿地面积急剧减少，各类湿地出现了从未有过的恶化——湖泊水位下降、面积缩小，大量湖泊消失，许多河流干涸或出现断流，沼泽湿地大面积萎缩，生态极为敏感和脆弱。所以，保护三江源是中国生态文明建设的重中之重。

二

三江源头的确定，解决了困扰中国地质界多年的难题，是新中国成立以来最重要的科学考察成果之一。然而科学家的脚步并没有停歇，只不过他们这次不是溯江而上，而是要顺流而下，跟随大江东去！

1986年，一则“中国首支长江科学考察漂流队成立”的消息传遍了中国，引起空前的轰动。那年，漂流长江与女排五连冠并列，成为20世纪80年代一场声势浩大的爱国主义运动。

这场轰动的起因，还得从一个美国人和一个中国人说起。美国人叫肯·沃伦，中国人叫尧茂书。

漂流长江被《今日美国》称作“人类对地球的最后一次征服”。

1977年，美国江河漂流探险家肯·沃伦驾着他的“下次是哪条江”号漂流船，在印度成功漂流了恒河上游后，有记者问他：“你的下一个目标是哪里？”

肯·沃伦指着远处的喜马拉雅山说：“在山的那边，只有伟大的长江没有被征服！”

1979年，也有一个中国人想要漂流长江，他就是西南交通大学电化教研室的摄影员尧茂书。

尧茂书在美国《地理》杂志上，看到日本著名探险家植村直已首漂南美洲亚马孙河的故事后，就萌生了“长漂”的想法。为了实现这个梦想，他做了多年的准备工作。尧茂书在得知美国探险家肯·沃伦将于1985年亲率美国探险队来华首漂我国的长江后，为了抢在美国人前面，他只身一人划着“龙的传人”号橡皮船从长江源头下水……

不幸的是，那年7月24日，尧茂书在人迹罕至的沱沱河、通天河漂流了1200余公里后，在长江上游金沙江通迦峡翻船遇难。消息传来，立刻在社会上引起了很大的轰动，唤起了当代中国人的探险意识和爱国热情。

中国人的长江，应当由中国人完成首漂。

一时间，全国掀起了一股漂流长江的热潮。当时，社会上的长漂热情多是带着爱国主义色彩，但是缺乏专业和科学的组织工作，这是很危险的。

中国科学院成都地理所[②]的科学工作者也关注着这股热潮。然

② 编者注：中国科学院成都地理所，当时全称为“中国科学院成都山地研究所”，现为“中国科学院成都山地灾害与环境研究所”。简称“成都山地所”。下同。

而，对这一活动，在他们的眼中却透露着更多的严谨和冷静。他们认为这一活动绝非个人的力量能够完成，因为长江上游地区地貌复杂，环境恶劣，生存条件十分残酷。过去虽然进行过一些科学考察，但是还只限于局部，还没有对长江上游地区进行系统而全面的科学考察。没有专业的技能和科学手段做支撑，是根本不可能完成这一任务的。只有把科学考察和漂流活动结合起来，才有可能取得成功。同时，成都地理所的领导认识到长江漂流活动具有政治、经济意义和科学价值，明确表示支持。经充分研究，在所内成立“长漂”指导委员会，并确定“长漂”队的任务、规模、队员选拔标准和后勤准备事项。

1986年元月，四川省政府、中国科学院及成都分院接到成都地理所的报告后，对此极为重视。经过听取有关汇报和多次筹备会议后，4月21日，“长漂”指挥部正式成立。至此，“长漂”活动由民间自发组织转为由政府部门领导，科学家、专业人员共同参与的科学活动。“长漂”的正式名称为“中国长江科学考察漂流探险队”(以下简称“长漂科考队”)。由此，通过成都地理所的科学家们的努力，终于使长漂活动走上了理性和科学的道路。

长漂科考队成立了，但是接下来很多问题摆在了所有组织者和参与者面前。首先，中国当时刚刚改革开放，之前的科学考察活动所能掌握的长江水文资料并不充分，只能从匮乏的资料里判断长江源头和上游的水文地理状况。其次，缺乏专业的漂流装备和经验，美国人的漂流活动有100多年的历史，而中国却从来没有这方面的记载。再有，就是参与人员的培训及医疗后勤保障工作等。所有这些问题都困扰着长漂科考队。

然而漂流长江毕竟是全国瞩目的大事，虽然在大家面前还有许多的空白与危险，但正是因为空白才更值得去挑战和填补，也注定了长江漂流是一次中国科学史上空前的壮举，同时也是一首人类与大自然拼搏的壮歌！

“长漂”指挥部最开始提出了严格的筛选标准：男性，年龄在20—35周岁，会游泳，会划船。为了在美国人面前展现中国人健壮的体魄，指挥部还特别规定报名者身高不能低于1.70米，体重不能低于50公斤。除了满足以上条件，报名者还要参加统一的体检，还须持所在单位盖章和直系亲属签字同意的“志愿人员登记表”才能正式加入漂流队。包括随队参加采访的记者，也须填表。此表被队员们戏称为“生死书”。绝大部分报名者在这个环节被“卡”住了。200多个实际报名者，最后筛选剩下的人只能够勉强组织一支20多人的漂流队。

最后，兼具科学考察和漂流探险双重任务的长漂科考队由45名人员组成，其中15名队员参加全程漂流，长漂科考队的其他成员将沿河岸徒步进行科学考察和负责救援活动。来自全国各地的70多位科学工作者，和长漂科考队一起讨论制订科学考察的最佳方案。

1986年5月3日，来自全国各地的长漂科考队队员前往四川康定、新都桥和泸定大渡河，进行身体素质、高原适应、漂流技能等训练……

1986年6月3日，长漂科考队乘机离开成都飞往拉萨，经唐古拉山奔赴长江源，拉开了长江漂流的序幕……

虽然做了很多前期的准备工作，但是要办成这件事并不那么简单，历程十分艰难。首先，长江源头处于高寒地带，海拔6200多米，空气稀薄，气候变化无常。科考队将在荒凉无人烟的地区漂流。从尧茂书遇难的直门到达金沙江宜宾江段这200多公里，是整个长江最危险的地段。那里高山林立，险滩密布，瀑布连绵。其间的老君滩、虎跳峡更是两只拦路虎。科考队面临着严峻的考验。

三

长江漂流到底从什么地方开始呢？

按照惯例，当然是长江的源头。但是，那里海拔高、环境恶劣，如果全体人员都从源头下水，那么将会面临很多不可预见的困难和危险。经研究，长漂科考队兵分两支，一支是经精干选拔的科考分队，开赴长江源，从源头下水，同时进行长江源的科学考察；而另一支，也是整个考察队的大队人马，则从沱沱河沿下水开漂。

1986年6月13日，一支由长漂科考队副总指挥唐邦兴带领的13人科学考察分队，先行向长江源头各拉丹冬雪山挺进。

科考分队由青藏公路100道班辗转西行，河冰未解冻，一天艰难行车约40公里，经过8天的艰苦跋涉，终于到达各拉丹冬雪山东坡的尕日曲。近代地图上，曾以尕日曲注记为通天河。传说中，《西游记》著名的过渡晒经的故事就发生在这里。

高耸的著名的各拉丹冬冰山雪峰展现在眼前，数十条冰川向四周散流，形成一道道流水。队员们步行从东坡绕北坡而西，进入纳钦曲，东岸为各拉丹冬冰川群，西岸为尕恰迪如岗冰川群。这里的冰川类型多种多样，冰体悬挂在陡坡上的叫作悬冰川；呈漏斗状粒雪盆伸出冰舌的为冰斗冰川；冰雪覆盖平顶山地，似一顶白色帽子叫平顶冰川。

著名的姜根迪如冰川就是长江源头最长的山谷冰川，它由同一个冰雪源地粒雪盆下溢，呈马蹄形分成南北两支。南支冰川最长为12.4公里，面积34.77平方公里；北支冰川长10.1公里，面积31.4平方公里，下伸到海拔5400米和5450米。冰川舌冰层为隆起的拱圆状陡冰崖型冰舌，冰体破碎，裂隙纵横交错，冰舌经受强烈消融和冰水侵蚀之处，发育了姿态奇异的冰塔林。有的冰体如高塔、如蘑菇、如冰林、如屏扇，冰面湖泊、冰面河道发育奇形怪状，无所不有。

科考分队发现这里的冰舌融蚀支离破碎，相互分离，这种现象反映了气温升高，冰川消融强烈，冰川融水侵蚀，促使冰川厚度减薄，冰舌后退。特别是与1969年拍摄的航片及1978年的地面照片相比，到1986年这17年间，姜根迪如南、北支冰川分别后退了154米和125米，其退缩率每年分别为9.1米和7.4米。冰川普遍退缩，雪线上升，成为三江源地区显著的变化。这是考察队的一个重大发现。

6月21日下午1时，为表达对母亲之河长江的敬仰，纪念首次全程科考漂流探险长江的伟大壮举，在姜根迪如冰川（北）末端表碛丘陵上，队员们挖基坑，竖立了从成都做好的高2米、宽50厘米，正面刻有“长江之源”大红字的木碑，碑左下方写有“中国长江科学考察漂流探险队立”。队员们昂首挺胸，排成一行，举行了庄严的立碑仪式。

第二天，由于冰川融化的涓涓细流无法漂流，全队步行到离源头冰川18公里的纳钦曲口。

当年在长江上，5人以上的中外漂流探险队就有4支。唯独长漂科考队把科学考察与漂流探险结合起来，采取以漂流为手段，水陆相结合进行长江上游科学考察。尤其是在江源和通天河以及金沙江部分河段人迹罕至的无人区考察，改变了过去仅从陆路考察所受到的限制。这种方式开创了我国江河探险史的先河。

6月22日下午4点50分，科漂队的前卫号、攀钢号、青年号三艘橡皮船从长江源头沱沱河下水，向沱沱河下游漂去。虽然这是源头，他们却不是首漂，只能称为源漂，因为首漂早于他们之前开始了！

为了赶在美国人之前下水，另外在唐古拉山兵站短暂休整的长漂科考队大队人马，决定提前开始漂流。此时，还有另一支中国民间漂流队伍——洛阳科考队也准备开始漂流。这是一支由民间志愿者组成的自发组织，队员中有的是长漂科考队的落选者，有的是各行各业的探险爱好者，但是他们和长漂科考队都有一个共同的心愿，要完成中国人首漂长江的壮举。

在他们开漂之后，1986年7月5号，美国人牵头的中美联合漂流队也在同一地点举行了下水仪式。

三支漂流队就这样在长江上展开了一段惊心动魄的漂流探险竞赛。

1986年6月16日下午，10艘橡皮船在沱沱河大桥下一字排开，长漂科考队20余名人员开始登舟。突然天空乌云密布，电闪雷鸣，冰雹大作。队员们在冰雹中解缆漂行，承受着大自然的特殊的“见面礼”，谁也没有想到长江带给首漂的竟是这样的开场白。“龙的传人号”领头开漂，这只橡皮舟是只身漂流长江不幸遇难的尧茂书使用过的。

首批下水开漂的队员，首先要征服的是1000多公里的无人区。沱沱河、当曲、楚玛尔河及通天河流域构成了长江河源区，面积10多万平方公里。

沱沱河现为长江正源，当曲为长江南源，楚玛尔河为长江北源。当曲藏语之意是“沼泽河”，它发源于唐古拉山脉东段山麓青藏高原最大的一片沼泽之中，是长江源区降水量最多的区域。因有丰富的水源补给，水量也数倍于沱沱河，当曲是长江三大源流中水量最大的河流。沱沱河与当曲汇合后称“通天河”。当曲河口至青海玉树县（结古镇）巴塘河口，全长813公里。曲麻莱县通天河渡口以上400公里河段开阔，水流平缓，人烟稀少；渡口以下400公里的河道狭窄，九曲回肠，穿行于深山峡谷之中，人迹罕至。无人区地处海拔4000米到4500米之间，空气稀薄，天气变化无常，刚刚还是阳光普照，顷刻间便会漫天大雪，转眼又是晴空万里。

长漂科考队每天划行10小时，船上没有任何遮挡，几乎每天都要饱经风雨冰雪和烈日暴晒，晚上就露宿在江边。几天下来，所有的队员脸上都脱了层皮。在高寒缺氧的情况下，饥饿又雪上加霜，生存威胁着每个人。大家在一天之内仅能早晚吃上点生熟不分的食物，还要日复一日地重复着装船、划船、托船、卸船的体力劳动。即便身带人民币也派不上用场，因为既请不到劳力，也买不到衣食住行的物品，只能到有人烟的地方以物易物或到城镇后再作准备。这就是无人区的真实写照。

长漂科考队在困境中坚持，他们以超常的毅力，在与恶劣的自然环境的抗争中，经受了八百里无人区的拼搏洗礼。他们在当曲河口附近发现了古人类遗物；在烟瘴挂智赶棕熊的侵袭；在巴雾大滩，队员第一次落水遇险自救并智斗歹人……

长漂科考队员们在漂过1000多公里后，终于在1986年7月7日这一天到达金沙江畔的结古镇，受到玉树州广大康巴群众及接应队员的热烈欢迎。欢迎的横幅上面写着：“拥抱你，来自雪山的骄子！”这让所有长漂科考队员们热泪盈眶。同时，也预示着休整后，激战金沙江的号角即将吹响。

长江全长6430公里，而金沙江全长是2300多公里。金沙江流经中国地形的两级阶梯，落差是3000多米，平均流量每秒4660立方米，由于金沙江急剧侵蚀切割，形成高、深、陡、窄、曲的河谷地貌特征。金沙江共有大小险滩1000多处，滩多流急，是万里长江最险恶的一段，有“死谷”之称。藏族人将金沙江称为“牦牛河”，因为生活在山崖上的人们在夜晚听见江底下传来的那种涛声，就像是几千只牦牛在嚎叫一样。同时，因为人类不合理的经济活动，河谷生态环境恶化，沿岸崩塌、滑坡和泥石流发育，使大量泥沙石块进入江中，特别是大规模崩塌体坠入江中，形成各种险滩。当年，尧茂书正是在金沙江通伽峡落水遇难。也就是从金沙江开始，漂流队员们将面临真正的考验。

1986年7月19日，长漂科考队和洛阳漂流探险队联合漂流进入了金沙江，队员遇到一次又一次翻船落水。7月27日，险情终于发生，长漂科考队和洛阳漂流探险队8人乘橡皮舟和密封船漂至白玉县盖玉区叶巴滩时，橡皮舟骤然跌落在个高约10余米、瀑布似的大跌水中，凶猛的卷皮浪将船打翻，落水队员王岩、颜柯、杨斌等极力挣脱靠岸，而另一密封船则被水击破，船中长漂科考队孔志毅，洛阳队杨红林、张军3人遇难。

王岩、颜柯、杨斌等上岸人员吃尽了苦头，他们进遇陡崖、退无去路，饥寒交迫，几经拼搏后才抢渡金沙江急流爬上岸边（西藏境内），找到藏族老乡后终于脱险。此为自沱沱河下漂以来发生的最严重的险情，队员牺牲让所有参与长江漂流的人们心情沉重，但是也激励着幸存者继续冲击险滩，完成牺牲的勇士未竟的事业。

金沙江南流至云南石鼓，突然折转130度的大拐弯，由此南流折向东北，被誉为长江第一湾。平缓江水流到冲江口，急剧而下，进入举世罕见的虎跳峡。

虎跳峡位于云南西北部，在丽江和香格里拉的交界处。虎跳峡是万里长江漂流探险中风险最大江段，自古以来还没有一个人漂过虎跳峡。峡谷在哈巴雪山、玉龙雪山之间，全长17公里，谷深水急。顺江而下，江心有三块突出的大石头，被划分为上、中、下虎跳，上、中虎跳间还有20多个特级险滩。这里是世界著名的徒步圣地，早在20世纪初，西方探险家就撰文描绘过它。

8月下旬，两支中国队伍赶到虎跳峡，他们并不知道另一支中美漂流队已经遇险，提前退出了。因为要实现“一寸不落漂流长江”的口号，虎跳峡不得不漂。然而，长漂科考队在这里却滞留了16天，因为这里是万里长江最危险的地方。

所有队员在虎跳峡前都犹豫了，虎跳峡的险恶远超想象：原本碧绿的江水，到桥头向东拐，跌进两座雪山的夹缝中，江面迅速收窄，三公里的峡谷陡峭、多碎石。队员们走上半山的悬崖路勘探上虎跳，还未见水，就听到磅礴的水声。走近一看，跌水不断，巨石暗布，浪头激起有十米高，江水瞬间化成浓雾，轰鸣的水声震耳欲聋。人们互相说话，即使面对面吼叫都难以听清。

尽管在此之前的1000多公里的漂流中，队员们积累了一些经验，但是能否顺利通过这里，仍然是一个未知数。而此时，装备精良的美国探险队已于7月5日沿沱沱河下水，他们随时会抢到中国队的前面。在这样的情势下，漂流队员们决定孤注一掷，先行冲滩。

9月4日上午，漂流队在距虎跳峡约1公里的上游江面下水试漂。

9月14日上午11时，漂流队再破上虎跳鬼门关，改写了自古以来无人漂流虎跳峡的历史。

9月19日，王岩和队友杨欣乘坐“中华勇士二号”漂流下虎跳。他们通过五六米高的跌水，在10余米高的巨浪和一股股乱水、回水中旋转起伏前行。经过29分钟的搏斗，13点14分，两位勇士在波西下滩起岸，胜利通过下虎跳。至此，长漂科考队漂过全长16公里、落差208米的虎跳峡。

10月22日长漂科考队抵万县。

10月24日从夔门进入三峡。

1986年11月25日下午2时30分，中国漂流勇士历时176天、经过6380公里的无机械动力漂流后，漂抵东经121°55′，北纬31°16′横沙岛东端的长江与东海汇合处，完成了人类历史上首次全程漂流长江的壮举。

在此次长江漂流活动中，长漂科考队战胜了各种难以想象的困难，闯过自然环境十分恶劣的250多个险滩，基本完成了长江河源区干流沿岸综合科学考察研究和长江上游生态环境及其保护利用的16个项目的考察研究任务。在海拔4500米的长江河源区，他们采集到各类水文、地质标志1000多件，拍摄了3000多张照片。在金沙江水域，中国长江科学考察漂流探险队重点考察了滑坡、泥石流。

在漂流过程中，孔志敏、王建军、王振、杨前明和记者万明5人，献出了年轻的生命。长江漂流谢幕了，但永不谢幕的是长江漂流精神！

第七章

泥流滚滚

一

黄河水缓缓流过青海省东部官亭盆地中宽阔的河床，这里地处青藏高原海拔相对较低的边沿，气候较为温润，乃是大西北少见的适宜人类生息的丰饶之地。然而很少有人知道，就在村民们如今居住的田园村庄之下，还叠压着一个4000多年前的古老部落的聚集地。

青海省民和县官厅盆地的喇家村，原本只是黄河岸边的一个普通村落。2000年，中国考古专家在喇家村遗址的发掘中有了惊人发现，一个尘封4000年的灾难现场重见天日。

在那4000年前的房间里，一位成年人的尸骨下肢扭曲俯卧于地，但右臂却紧紧护住身下的孩子。尽管这个孩子已成骨骸，但他在大人臂弯下露出小小的头颅，小嘴上还衔着一个三耳红陶杯，依然保持着正在饮水的姿态……这是一个灾难的现场，他们被倒塌的窑洞埋在地下，将生命最后的瞬间一直保留到了今天。

如此震撼人心的房址和尸骨，在喇家遗址考古发掘中不断出现。死者临危时姿态各异、年龄不同，却以未成年人居多。类似的考古遗迹，除了因火山爆发而被掩埋的意大利庞贝古城，在全世界似也并不多见。因而有人称喇家遗址是“东方的庞贝”。

出土的尸骨基本上被掩埋在红胶泥层中，红胶泥在喇家村的田野沟壑中都有。为了找出喇家村史前人类死亡的原因，科学家们把目光投向了这些人类生活过的自然环境。

喇家村的最南端正是波涛滚滚的黄河！大家不可避免地猜测，喇家灾难是不是因为黄河洪水的泛滥？因为洪水有足够的力量毁灭一个部落，也可以将那些荒野上的尸骨冲得四处漂散。然而，如果是洪水，这些尸骸如何能保持住互相拉扯在一起的姿态？而尸骸的姿态表明，它们明显承受了重大的压力，洪水能造成这些现象吗？如果不是洪水，那么谁才是这场灾难的真正凶手？

不久，科学家们发现了一个奇特的现象，在远远低于房址水平面的下方土层——也就是没有人类活动过的土层中，夹杂着一些陶器碎片，一些明显不同于周围土质的灰黑色沙石。他们发现，这条裂缝一直延伸到地面，泥沙是顺着裂缝从地面上渗漏下来的。那么，这条地裂缝又是怎样形成的呢？调查人员迅速展开勘察，结果令人惊讶，大量的地裂现象从喇家的房前屋后、荒山野地里被找了出来。科学家们意识到，地裂缝正是4000年前喇家大地震的遗迹！

在进一步的调查当中，他们又发现，有一些地裂缝中间填充的不是杂物和灰黑色沙石，而是非常细腻的棕色的沙子，顺着这些裂缝往地面观测，出现裂缝越来越狭窄甚至闭合的现象。

通过科学家们的曲折求证，4000年前这场突如其来的灭顶之灾浮现在我们眼前：在灾难发生的前几天，有过一场突如其来的地震，接下来喇家村地区就暴雨连绵，随即在一个恐怖的夜晚，突然，大地开始颤抖，紧接着狂暴的泥石流便破门而入。在慌乱之中，妇女和儿童虽然被有组织地疏散到窑洞里，然而这里却成了他们的葬身之地。

可以说，喇家村史前人类的灾难和文明的消失是由泥石流等自然灾害造成的，但整个西北地区史前文明的衰落，是否和喇家村这个特定现场有相同的原因，学术界还无法下此定论，不同领域的学者还将在喇家村遗址以及更广泛的区域展开调查，以揭开这个远古历史的真相。

时光转眼过去了几千年，与喇家村灾难惊人相似的一幕又发生了。

2010年8月7日，甘南藏族自治州舟曲县城东北部山区突降特大暴雨，降雨量达97毫米，持续40多分钟，引发三眼峪、罗家峪等四条沟系特大山洪地质灾害，泥石流长约5000米，平均宽度300米，平均厚度5米，总体积750万立方米，流经区域被夷为平地。滑坡泥石流还堵塞了县城南端的白龙江，形成堰塞湖，导致舟曲县近1/3城区被淹。

这场泥石流导致1557人遇难，208人失踪，经济损失近133亿元，是新中国成立以来最严重的山洪泥石流灾害。

二

泥石流灾害是怎么形成的？

人们是否可以避免悲剧的再次发生呢？

中国幅员辽阔，环境条件复杂，几乎所有自然灾害类型都有发生，是世界上灾害类型最多的国家之一。泥石流作为山区一种突发性的自然灾变过程和现象，早在地质时期就已存在并发展着。自从有了人类社会后，当这种灾变过程和现象与人类的生产活动发生联系，并造成财产损失乃至人身伤亡时，才被视为灾害。

我国山地占国土总面积的2/3以上，堪称“世界山地大国”。特殊的地质背景、地貌组合和季风气候，为我国泥石流的形成发育提供了有利的大尺度的环境因子；随着人口的急剧增长及其施于山区的不适度的生产活动，则是驱使泥石流发展恶化的重要原因。

1953年9月25日午夜，中国西藏古乡冰川泥石流大暴发，在泊龙藏布江谷地形成一个宽达3公里、长约2公里的扇形石海。适值新中国成立初期，陇海铁路宝天段、云南东川铁路支线和川藏公路正在建设，受到这些泥石流灾害的严重威胁。只是当时的铁路和公路的设计者和建设者并没有泥石流的概念，将之统称为“冰川爆发”。

灾害发生后，有关部门立刻行动起来，开展冰川泥石流灾害研究。为了紧密配合川藏公路、成昆铁路、金沙江航道以及我国西南西北山区工矿城镇建设和农田水利建设等重大工程的实施，继铁路、公路部门之后，我国地质、冶金、水利、航运、矿山、机械、城建、农林等部门和一些高等院校都相继开展了泥石流灾害的调查研究。

中国科学院系统开辟了泥石流研究领域，拟定了立项报告，以当时灾情严重的川藏公路（然乌至林芝段）和西藏古乡沟冰川泥石流为基地，由中科院冰川冻土沙漠研究所与西藏自治区交通厅合作，组织了由11个学科80多人参加的泥石流综合考察与观测研究。

1963年秋，在中国科学院委派下，施雅风院士和杜榕桓助理研究员等一行人到达拉萨。西藏自治区政府交通处徐松荣总工程师迅即和施雅风一行进行了商讨，提出川藏公路有几处“冰川爆发”，塌断路阻，危害严重，建议施雅风一行能前往看看，想点办法。

研究冰川的施雅风也是头一次听说“冰川爆发”的奇特现象，当即和杨宗辉工程师同往。次日傍晚他们到波密县城住下，第三天一早，随即赶往“冰川爆发”的古乡沟口。

施雅风一行在古乡沟看到，谷口那片石海，是谷口的堆积扇，扇宽1.5—3.5公里，长2公里，束狭了从东往西的波斗藏布江，形成了一个湖泊。冲积扇石块累累，经过测量，其中一块最大的花岗片麻岩巨石，长20米，厚8米，计算其体积达1500立方米，重84000吨；一块较小的体积364立方米，重约940吨。这是迄今所知世界上冰川泥石流所搬运的最大石块。但这在当时让人很难想象，是什么样的力量能把这么重的石头，推那么远呢？

对即将进行的考察工作，施雅风一行深感力量不足。巧合的是，这时古乡驻扎着一支冰川研究考察队，人才汇集，兵强马壮。这让施雅风大喜过望，虽然考察工作异常艰苦，但是有了这些助力，那么揭开“冰川爆发”之谜就指日可待了！施雅风一行在冰川队营地停留下来，对古乡沟进行了进一步考察。

1964年，古乡沟的泥石流频繁发生，考察队记录到当年5月至9月发生了82次之多，其中最大的一次延续了63小时，冲出的物质达300万立方米。这一年的泥石流都是顺着原有槽谷下流。他们观测到泥石流通过峡谷口外冲积到扇形地情况，其中一次是结构性（或称黏性）泥石流。在隆隆声中，从峡口流出的前后相接石块平卧在黏厚的泥浆上，并迅速下流了相当距离，转为紊流型处，出现不大的龙头堆积。泥石流的流速不能用流速仪观测，只能抛掷浮标，测定其流距和时间。

施雅风一行站在槽谷岸边观察，被这一景象震惊了。原来山谷中的巨石竟是由于泥石流的搬运形成的！

为了了解泥石流具体形成过程，施雅风不顾危险，由队上一位有经验的同志陪同，携带着干粮，吃力地攀越峡口东面相对高1000多米的山脊，进入峡口上瓢状小盆地，进到了古冰川与雪崩堆积区。

再逆着陡峻的斜坡，艰难地往上爬，有些地方必须伸出冰镐，平插在陡坡上，才能有适当的踏脚攀登上去。

到达海拔4000米左右，施雅风一行登上他非常熟悉的现代冰川的冰舌。这里冰川消融非常强烈，冰融水量丰富，冰川冰温度在-1℃左右，是典型的海洋性冰川。他们随即观测冰川消融深度，估算融水量。从高处四望，看到瓢状小盆地上首的悬崖陡壁上，挂着六条小冰川。这里不时降雪下雨，因之冰崩与雪崩作用盛行。小盆地中堆积着深厚的由冰川和雪崩带来的松散石块、沙泥物质。水流冲刷这些堆积物形成冲沟深度估计达100米以上。流水迅疾，沟壁不时出现崩坍。

考察队当天下午顺沟下行，站在沟壁旁，就看到一次大崩坍。大量泥沙、石块崩入沟中，与湍急下流的融水搅拌，深沟一度被阻塞。接着就出现了泥浆石块搅拌的泥石流体。

施雅风在这次考察中，亲眼目睹了冰川泥石流的形成，看到了“冰川爆发”的真相，找到了灾害发生的“元凶”。

经过夏季整整一个季度工作，考察队报告指出，古乡泥石流沟流域面积20平方公里，源头最高峰与谷底高差约3000米，小盆地底部面积约2平方公里，积聚了约4亿立方米的松散堆积物，厚度达200米左右，汇流的冰川融水和雨水每年达3000万立方米左右。那么多的松散堆积物和水流，在陡峻的地形上发育急流深沟，并使沟壁频繁发生崩坍，就导致了如前述的那么强烈的泥石流与严重的灾害。

通过对古乡的泥石流考察，考察队完成了《西藏古乡沟冰川泥石流考察报告》，全面总结了冰川泥石流的发育条件和运动特征，并提出了公路通过古乡泥石流的桥位方案。这是中国第一篇综合研究泥石流的论著，该研究被中国科学院评为1965年重大科研成果之一。这是中国科学家第一次系统地考察和揭示了泥石流形成、运动、发展、演化规律，并提出了泥石流灾害的防治对策。而把泥石流作为一种突发性的灾变过程，进行多学科、多兵种、跨部门、跨地区的点面结合的综合研究，则促成了中国泥石流研究蓬勃发展。

这次泥石流科研成果在区域规律总结和定位观测实验、宏观与微观、定性与定量等方面，都达到了较高水平，为保障山区建设和防灾减灾作出了积极贡献，受到了国家和各级政府的重视。

值得一提的是，施雅风在古乡沟看到的泥石流浮托密集石块流动，和其上游深沟中崩坍物质与冰川融水急流搅拌形成泥石流的情景，深深地印在他的脑海中。施雅风觉得这种雄壮的动态气势，用一般照相机摄影难以表达出来。1965年，在施雅风的倡议下，上海科教电影制片厂殷虹导演拍摄了彩色科教电影《泥石流》。影片对泥石流分布、类型、形成条件和防治做了生动解读，科学意义充实，语言鲜明生动，放映后引起全国范围的广泛关注。从此，“泥石流”这一专门名词家喻户晓，为全国所普遍了解，大大促进了中国泥石流研究与预防工作的开展。

三

1966年，时值毛泽东提出“备战、备荒、为人民”的方针，面对严峻的国际形势，国家加紧“三线”基本建设。当时国家在西南、西北靠山隐蔽地区选址，建立一大批工厂。新建中的成（都）昆（明）铁路亦加紧施工。而西南崇山峻岭、降水丰沛，大量滑坡与泥石流灾害时有发生。因此，施雅风又带领中国科学院北京地理所和成都分所唐邦兴、王明业，对云南禄劝大垮山及其形成的普福沟泥石流进行了考察，主要是调查“三线”建设中涉及的泥石流灾害，并提出防治措施。考察队于1966年5月中旬出发，6月初到达成昆铁路指挥部所在地西昌，领受的第一个任务，即是调查西昌至泸沽约40公里其间泥石流对铁路线的可能危害，提出治理意见。

这时成昆铁路已经施工，但西昌—泸沽段线路还没有确定下来，这段线路走在安宁河东岸，而就在考察队到达前不久的5月26日，安宁河东岸有多条支流河发生过泥石流。

西昌城旁的东河发生了滑坡堵坝，堵坝决口形成的黏性泥石流流程1—2公里。而稀性泥石流和洪水流行17公里，直达西昌城下，这些险情当然惊动了筑路指挥部。这时有人建议铁路线应改道到安宁河西岸，完全避开东岸泥石流的危害。但是这样改道，要增修跨越安宁河两座大桥，在战争时易遭轰炸，于战备不利。而线路走在东岸则有泥石流洪水风险。于是，指挥部里出现上（靠山）、中、下（多占农田）三种方案。

究竟要采用何种方案为好？筑路指挥部焦急地等待着考察队对泥石流的调查结果。

考察队花了半个月时间，紧张地勘察产生过泥石流灾害的羲农河、黑沙河、热河、蒋家河、大塘河等河流上下游情况，搜集了当地地震与暴雨记录，访问了当地阅历多的长者。最后，考察队观察到：西昌附近泥石流，大多是近一二百年森林植被遭到严重破坏后发展起来的。泥石流形成区地质构造复杂，断层和节理发育有大量结构松散的黏土质地层，在相对高差二三百米，坡度三四十度的坡面上，冲沟、滑坡、崩坍大量发展，个别滑坡一次滑下数万至数十万立方米物质，是泥石流的主要补给源。目前各沟内正在活动的滑坡、塌方面积占流域面积20%左右。

西昌是强烈的地震区，1850年曾出现过10度地震。气象站有日降雨199.5毫米的暴雨记录，夏季半年降水1000—1300毫米以上，地震和多雨都是促使滑坡、崩塌的因素。滑坡崩塌物质与暴雨径流搅拌更直接产生泥石流，可冲走直径1—2米的大石块。

泥石流发育河道，从中游就开始淤积，谷口冲积区上部淤积迅速，下部浅薄。如羲农河泥石流堆积速度在扇顶部位为40米/80年，下至公路桥为6米/50年，再下行0.5公里为3米/50年。河道淤积后容易改道，如黑沙河堆积扇上有七条流水河床，对过河桥梁设置要密切注意河道的淤积与改道的可能性。

根据上述对西昌地区泥石流的规律性认识，考察队报告筑路指挥部，几条河的泥石流虽然会对安宁河东岸线路带来一定麻烦和风险，主要是洪水和稀性泥石流灾害，但不是很严重。铁路设计部门已做的定线设计，逢沟设桥，留足净空和跨度，有相当安全考虑，因此完全不考虑改线西岸方案。

在东岸定测线路中，考察队建议：蒋家河线路所经河床30年淤高2.4米，会减少过河桥梁使用年限，建议桥位应适当下移，净空留足8米，并加固两岸直至山口防护堤；白沙河泥石流方兴未艾，淤积很快，这里铁路桥位应适当下移；黑沙河月华故道桥原设计七孔16米桥改为三孔至多五孔的16米桥，安全仍有充分保证；铁路通过的低洼处没有明显流水沟地段路基为防备河流改道、漫流和积水，应增加涵洞、护坡等排水和保护路基措施。以上意见报给指挥部，指挥部完全接受，修改了原设计。

经过多年的实践证明，西昌至泸沽间铁路没有受到泥石流的损害，考察队为成昆铁路建设作出了积极贡献。

四

1967年，中国科学院兰州冰川冻土沙漠研究所在冰川、水文研究室的基础上，组建了我国第一个泥石流专业研究机构——泥石流研究室，汇集了杜榕植、李鸿涟、王文俊、李缄、章书成、陈琴德、徐道明、康志成、罗德富等一批泥石流骨干，开了我国专业研究泥石流的先河，确立了中国科学院在我国泥石流研究的核心地位。

1973年，山地所成立了泥石流研究室，由唐邦兴任主任，开展西南地区泥石流研究。在此期间，科学家们开展云南东川地区小江流域蒋家沟、大桥河等泥石流观测实验、研究和综合治理工作。

泥石流分布在中国31个省、市和自治区，全国有1583个县（市）长期受到泥石流灾害的困扰。每年要暴发数千起泥石流灾害，泥石流活动区的面积达480万平方公里，其中活动强烈的地区达130万平方公里。全国有8万处泥石流活动，其中严重的有8500多处。

云南东北部的小江流域，是我国泥石流典型发育地区。这里的泥石流分布广泛、类型齐全、活动频繁、暴发猛烈、规模巨大、危害严重，为国内外其它山区所不及。

蒋家沟则是小江流域泥石流暴发最频繁、规模最大、危害最严重的一条泥石流沟。中国科学家对泥石流的观测研究，就是1961年从云南昆明市东川区（原东川市）的蒋家沟开始的。蒋家沟泥石流每年都会发生十几次到几十次阵性泥石流，因为暴发频繁、历时长、类型齐全、过程完整，在全世界是独一无二的，是世界各国泥石流研究人员理想的研究基地，也是泥石流野外定点观测的最理想场所。

尽管在野外深山荒坡的泥石流沟里生活非常艰苦，但考察队对泥石流的观测研究工作却始终兢兢业业。泥石流观测资料的同步和整体性，需要泥石流各要素观测保证在时间上和空间上的同步进行，在同一个时刻内进行各不同沟段的水深、断面积、流速等要素观测，以及同步进行泥石流浓度和样品的流变特征、颗粒组成的采样分析。还要同步获得泥石流形成的降雨强度、降雨过程、泥石流形成源地汇流过程乃至泥石流流出山口的堆积过程等观测资料。

蒋家沟泥石流形成区都是在海拔2300—3000米陡峻的深山荒坡，泥石流观测研究人员为了探索泥石流形成的机理，在条件极其困难的条件下，在形成区设观测点，坚持住在山上，自己发电、自己做饭。雨天冒着暴雨观测泥石流形成过程，晴天顶着大太阳，绘制泥石流形成、运动、堆积的基础图件，探讨蒋家沟泥石流源地崩塌、滑坡、散流坡分布特点，为深入研究泥石流形成机理做了许多基础工作。泥石流暴发突然，又多发生在夜间，因此这些基础的观测研究工作都特别的艰苦、危险。

每一个观测数据的获得，每一台新仪器的研制，每一个降雨过程的记录，每一次冲淤变化的测量，每一棵小树的成长，每一篇论文的发表，都饱含考察队员们的艰辛汗水和心血，也为接下来对泥石流的进一步研究提供了宝贵的数据。

蒋家沟泥石流研究成果受到1978年全国科学大会的奖励。东川大桥河泥石流及其综合防治，荣获云南省科技进步二等奖。

1978年，在全国科学大会的推动下，泥石流研究再次纳入国家自然科学学科发展规划。在施雅风先生积极倡导和主持下，经权衡轻重，针对我国西南地区山地灾害集中分布、灾害严重、对国民经济影响巨大的实际情况，力主中国科学院将原兰州冰川冻土研究所泥石流研究室业务骨干人员10余人迁往成都，与山地所泥石流研究室合并。并确定山地所以泥石流研究为主攻方向，以西南地区为基地，并将原东川研究观测基地归山地所，使之成为我国泥石流的研究中心。留在兰州的研究人员则以冰川泥石流、黄土泥流和西北地区泥石流为主。

自此，中国科学院就有了兰州、成都南北两个泥石流研究机构，从而使中国科学院覆盖了我国主要的泥石流灾害区域。此举有力地推动了我国泥石流、山地灾害研究和防治水平的提升。

泥石流是我国众多自然灾害中具有突发性灾变过程的一个灾种，它在山区各种自然灾害中占有突出地位，成为我国减灾防灾的主要对象。泥石流研究作为一门新兴的边缘学科，在新中国成立初期，以施雅风先生为带头人的科学家们的艰苦工作下，显示出较强的生命力和发展势头。遗憾的是，由于文化大革命期间受到干扰和破坏，这一时期的研究成果未得及时刊布和推广，直到20世纪70年代乃至80年代中期才陆续恢复。70年代以来，泥石流科研工作转入以探索泥石流内部规律为主的定点观测试验与各类泥石流防治工程相结合的阶段。

我国众多部门和众多专业的学者共同探讨泥石流防灾途径，通过几十年工作，业已培养出一支在泥石流理论研究和防灾实践方面有建树的专业科技队伍。这支队伍在理论储备上和技术储备上都奠定了坚实的基础，显示出我国在泥石流这一研究领域的特色和优势，成为中国“国际减灾十年”战线上十分活跃的一支科技力量。

五

早在距今200多万年前的第四纪，那时我们人类尚未出现，而地球就已上演了最为剧烈的山崩地裂和沧海桑田的演变过程，河谷里也经常发生泥石流，并在沟口形成了许多平坦且宽阔的冲积扇。但那时的泥石流也仅仅被称为“泥石流”，仅是地貌演化过程中的一种微观现象而已。

人类出现后，便开始在泥石流形成的冲积扇上耕种建房，并不断繁衍子孙后代，这在无形中为灾难的孕育提供了必要的条件。也就是从那时起，泥石流也不再被称之为泥石流，而是被人类冠以了“泥石流灾害”的罪名。若把人口数量和灾难出现的频次同时落在地球演化史的时间轴上，我们一定会惊讶地发现，两者的正相关函数图案肯定非常完美。所以，在遇到灾难时，我们应该去思考到底是自然界给人类带来了灾难，还是人类自己给自己带来了灾难？

可能很多人都会有这样的感觉：现在的灾难似乎比过去更多了。除了如今信息发布渠道的多元化使得我们能了解和关注更多的灾难以外，更重要的原因则是城镇化进程的加快和人口的剧增使得更多的生命财产被暴露在自然界面前，使得灾难的次数增加。因此，我们需要从客观的角度反思这种现象及原因。

人类同泥石流灾害的搏斗由来已久，意大利在300多年前就开始了泥石流防治工作，西欧、俄罗斯和日本也有200多年的历史，而中国只有60多年左右的历史。从时间概念上来讲，中国泥石流研究工作起步是较晚的，但起点较高，发展较快，综合性也较强。这么多的部门，这么多的专业，结合国家和各部门的防灾需要开展全方位、系统的泥石流研究，在其他国家是少见的。

进入21世纪以来，我国泥石流灾害呈现继续加剧恶化的趋势，国家面临的泥石流防灾减灾任务是艰巨而严峻的。特别是在市场经济的推动下，山区资源的开发利用正以更快的速度和更大的规模向前发展，泥石流成灾的概率和致灾强度都有所增大，防治泥石流的呼声日益高涨。

有关专家指出，我国是一个多山的国家，泥石流分布广泛、活动强烈、危害严重。为了解决在修建铁路、公路，兴建工矿企业和山区城乡建设过程中遇到的泥石流灾害问题，就必须掌握泥石流活动的基本规律，才能有的放矢地提出治理和预防泥石流的有效措施。研究和防治泥石流的一个重要途径，就是对泥石流进行原型观测。

从事泥石流等山地灾害的研究，科学家们都不可避免地出现在山地灾害现场。每一次，他们都奔赴在第一线。在汶川特大地震、芦山地震和舟曲特大泥石流救灾中的众多科学工作者中间，都闪动着我国第一个"泥石流院士"崔鹏的身影。

崔鹏与泥石流结缘源于一次讲座，当时还是大学生的他参加了中科院成都山地灾害与环境研究所唐邦兴教授举办的一场有关泥石流研究的学术报告。初次接触此课题的崔鹏被深深地吸引了，通过自己的不懈努力，他考上了唐教授的研究生，正式成为一名研究泥石流的研究员。1985年夏，崔鹏从中科院成都地理研究所自然地理专业硕士毕业，论文是《从地貌演变探讨泥石流发育过程》，由此开始了他长达30余年的泥石流研究之路。1990年春，崔鹏以优异的成绩成为我国第一位泥石流专业毕业的博士。2013年，他当选为中国科学院院士。

2008年5月14日，汶川地震后才两天，崔鹏和考察队就一头扎进地震灾区，进行特大地震后的山地灾害考察。他们提供的第一手观测数据，为震后的应急抢险、防灾减灾提供了决策所需要的科学依据。震后很短时间内，依靠实地野外调查和遥感影像，崔鹏团队摸清了34处大的堰塞湖的基本情况，对于公众关注度极高的唐家山堰塞湖，他们提出了科学的认识和危险性评估，为应急抢险和科学处置起到了重要作用。这一科学判断使唐家山堰塞湖及时得到疏散、泄洪，确保了下游上万名救灾人员和幸存者的安全。

崔鹏有一个“拼命三郎”的称号。他们野外考察行走的地方，往往是路况很差的地方，泥石流沟的考察只能在侵蚀极为强烈的陡坡与深沟中穿行，路途时有艰险。2008年11月，崔鹏带领科考队在四川北川考察灾后重建，山里突降大雪。一边是悬崖峭壁，一边是百米深渊，科考队乘坐的越野车翻山时突然向下滑了十几米，差点坠下山崖。

还有一次去泸定县做泥石流防治规划，当深入泥石流源头勘测完成之后，天已经黑了，沟道中基本上没什么路，沟壑又深，而且下着雨，随时都有可能发生泥石流等灾害。崔鹏跟随着他的导师唐邦兴一行，相互关照，好不容易找到一条取水的水渠，一路沿着水渠才安全地走了出去。对于这些经历，崔鹏却不愿提及。他说，从事野外考察工作遇到危险是常态，做科研的人又有谁不拼呢。

2010年，舟曲特大泥石流灾害发生后，崔鹏率领考察队又赶赴甘肃，他们的勘测数据及专业意见，为灾害工程防控等提供了重要的决策参考意见。

他们认为舟曲特大泥石流灾难的成因：一是舟曲当地地形地貌

和特殊地质构造，是导致灾害发生的重要原因。二是汶川地震的影响是重要因素之一。舟曲县是汶川地震的重灾区之一，地震导致舟曲县城周边山体松动、岩层破碎。因地震造成的山体松动需要3年到5年时间才能消除，但目前距离汶川地震发生仅两年多时间。三是舟曲去年四季度到今年上半年的持续干旱，造成城区周边岩石解体，部分山体、岩石裂缝暴露在外，使雨水容易进入，导致滑坡。四是遭遇强降雨。8月7日晚，舟曲县城东北部山区突降特大暴雨，持续40多分钟，降雨量达到90多毫米，形成了泥石流，直接造成特大山洪地质灾害发生。

灾害的成因找到了，但是面对大自然无情的摧残，人们能否更进一步预防灾难的发生，抢在“泥石流”这个恶魔之前，挽救生命，挽救家园呢？舟曲特大泥石流灾害留给了科学家深深的思考，也让他们身上的担子更加沉重！

在大量的研究和考察实践基础上，崔鹏不仅提出了“准泥石流体”概念，确定泥石流起动临界条件，形成起动理论，开创了泥石流学科的新生长点，还在国内外开展大量城镇、道路、风景区、大型水电工程泥石流防治和重大应急减灾工作。他在泥石流形成、运动和成灾机理，灾害防治技术，震后次生灾害分布规律与风险防控方法等方面都提出了自己的观点，初步建立土力类泥石流起动理论，揭示成灾机理，提出泥石流过程调控的灾害防治原理和方法，发展了山区道路和风景区泥石流治理模式与技术。

经过几十年的发展，中国的泥石流研究取得了重要进展。据不完全统计，截至2007年全国已累计发表关于泥石流、滑坡等山地灾害的研究论文3000多篇，发表《中国泥石流》《滑坡学与滑坡防治技术》等研究著作近30部，涵盖泥石流、滑坡等山地灾害研究的各个领域，在泥石流启动机理、运动力学、区域预测和临灾预报等的研究上已经赶上或超过国际先进水平。

泥石流研究工作是一项防治大自然中突变现象的系统工作，但由于泥石流学科尚处于不断发展完善阶段，其中不少重大理论问题尚未解决，诸如泥石流沟判定的量化和规范化问题，泥石流的设计流量、流速、冲淤问题，各类泥石流防治工程建筑物设计的标准化、规范化问题等，都将是人们关注和希望具体解决的几个实际问题。泥石流灾害的防治需要一个较长的历史过程，需要几代人的持续努力。中国科学家已经在泥石流的研究方面取得了很多成就，但是对于自然界还了解得太少，未来在科学考察的道路上还有一段漫长的路要走。

第八章 峡谷深深

一

在北京中华世纪坛前那一条长262米的青铜甬道上面，从南向北镌刻了从距今300万年前人类出现到公元2000年的时间纪年，用凝练的文字记载了科技、文化、教育等领域共7000多条重大事件。在公元1994年这一栏上，有这么一条记录：经中国科学家论证，雅鲁藏布大峡谷是世界第一大峡谷。

这是一条历经千辛万苦、姗姗来迟的记录。甚至在1973年以前，雅鲁藏布大峡谷只是一个地理名词，由于深藏于藏东南腹地，沟深、险峻、狭窄和多雨，很少有人能一窥它的真容。它一直静静地躺在青藏高原东南部，少为人知。在地图上，这个区域一直是个空白，所以国外探险界将雅鲁藏布江一系列未解答案叫作“喜马拉雅之谜”。

在世界屋脊青藏高原上奔流着世界上海拔最高的大河——雅鲁藏布江，古称央恰藏布，翻译成汉语为“从最高峰流下来的水”，意即“天河”。当它流经西藏派乡后河道突然变窄，并围绕南伽巴瓦峰突然作了一个马蹄形的大拐弯，峡谷急流，倾斜而下，直奔印度境内。从西藏派乡至青藏高原南麓的这一段就被称为“雅鲁藏布大峡谷”。

雅鲁藏布大峡谷地带是世界上生物多样性最丰富的山地，是“植物类型天然博物馆”“生物资源的基因宝库”。同时，大峡谷处于印度洋板块和亚欧板块俯冲的东北挤角，地质现象多种多样，堪称罕见的“地质博物馆”。在当前国际地球科学有关地球动力学、全球变化、生物多样性及可持续性发展几大热点中，雅鲁藏布大峡谷的研究尽皆囊括其中。正如它的高度和深度都成为世界之最，地球科学诸学科对于自然奥秘的破译，这一地区所能发挥的作用将无可限量。

中国科学家曾经充满遗憾，位于中国境内的珠穆朗玛峰北坡，由外国人来论证它为世界第一高峰，且第一个登顶珠峰的人也是外国人。长期以来，美国的科罗拉大峡谷一直顶着“世界第一大峡谷”的桂冠享誉全球，后来秘鲁的科尔卡大峡谷对其提出了挑战。而主要位于中国境内的雅鲁藏布大峡谷，其“世界之最”的价值却长期不为人所知。直到雅鲁藏布大峡谷被中国科学家揭开了神秘的面纱，它“世界第一大峡谷”的名字才终于弥补了这些遗憾。

1902年，英国皇家地理学会会员贝利受命于英国外交大臣——也就是那条臭名昭著的“麦克马洪线”的始作俑者——麦克马洪爵士，为了觊觎中国西藏领土资源收集情报，从印度进入大峡谷地区进行窥探考察，但是由于地势险峻而不得不中途放弃。之后贝利在《无护照西藏之行》白皮书中这样写道：在那里我们无法生存，灾难随时可能降临在我们头上。他的描述给雅鲁藏布大峡谷带来了一层神秘且恐怖的色彩。

20世纪中叶，日本人把雅鲁藏布大峡谷称为“地球上最后的秘境”，多次宣称已从空中看见那里有百余公里长的大瀑布，这吸引了全世界的目光，许多探险家闻风而至……

雅鲁藏布大峡谷有很多个无人区，甚至有一些地区从未有人踏足过，因此这里也被科学家称为全世界最好的野外实验室。但是，越原始的地方也就越危险。从科学考察的角度讲，地理位置越险要、越原始、越偏僻的地方，野生地貌保存得也就越完整，越有价值。而科学考察就是要去这些不容易到达的地方。

二

1973年9月21日，当第一次青藏高原综合科学考察队大队人马结束察隅的多学科综合考察返回北京时，留下了一支8人水力资源考察小分队挺进墨脱，其中包括在中科院地理所常年从事青藏高原研究的杨逸畴。杨逸畴在我国特殊、边疆、空白的自然科学领域研究中作出了开拓性的贡献，特别体现在发现论证了雅鲁藏布江下游大拐弯峡谷为世界之最，是发现雅鲁藏布江大峡谷为世界之最的第一人。

这只小分队的主要使命是利用进入墨脱县短暂的开山季节，考察雅鲁藏布大峡谷腹心地带，沿江测量雅鲁藏布江水，获得这一带的各项水力资源数据。这是中国科学家第一次深入雅鲁藏布大峡谷，从此拉开了雅鲁藏布大峡谷科学考察的序幕。

当时，考察队所有队员对于大峡谷地区可以说一无所知，只是从资料上和地形图上了解一些。而从地形图上看，这个地方只有山峰、河流的名字，却没有实际的内容，基本上是空白，仅有的一点资料也是国外的。所以，考察队面临着很多未知的危险。

果然，经过一个多月的艰苦跋涉，当考察队甫一踏进峡谷地区，就感觉到地动山摇，雅鲁藏布大峡谷似乎并不欢迎陌生的访客，用特有的方式表达着它的不快。一路上考察队经历了许多地震，走着走着就看到山在动，搭的窝棚轰轰轰地摇晃。随即山上就发生了雪崩，山顶上白色的雪崩落下来，自然界这种快速、强烈的运动，让从事多年地理工作、一辈子跟大自然打交道的杨逸畴感到深深的震撼，也让所有考察队员体会到了自然界的可畏力量。由于地震频发，山势险峻，无法沿河考察，考察队只好返回，在充满遗憾中被迫中止了这次考察。

然而，初识大峡谷的杨逸畴却心有不甘，大峡谷腹地到底是什么样子？它究竟有多险？腹地的水力资源又有多少呢？这些问题还远没有答案。第二年，迫不及待的杨逸畴又随着中科院水力资源考察队来到了大峡谷。

1974年，由关志华任组长，章铭陶任副组长，有杨逸畴、鲍世恒、肖树棠等5名科学家参加的雅鲁藏布江水力资源考察组，从米林县派区出发，沿当年英国人贝利曾经走过的路线，经大渡卡、格嘎、加拉到达白马狗熊，对雅鲁藏布大峡谷进行了第二次科学考察。

当他们走到“白马狗熊”这个地方时，却发现前面全是悬崖峭壁，已经无路可走了。据当地居民描述，1950年8月15日，这里曾发生了一次8.5级的大地震。山河崩塌，路断谷封，大峡谷里的居民全部没有逃出来，所以在1950年到1973年没有人再走过这条路。

而最令考察队遗憾的是，白马狗熊最著名的“虹霞瀑布”，就是日本人曾声称从空中看到的百余公里长的瀑布也没了踪影。据文字记载，这个地方曾经有个寺庙，一度香火旺盛，从这里能看到大峡谷，非常雄伟壮观。山上有冰川挂下来，周围都是森林。夏天的时候漫山遍野都是杜鹃花，非常迷人。再下去就是雅鲁藏布大峡谷的主河床，雅鲁藏布江江水到这里一下子跌下去，形成一个大瀑布。瀑布与陡坎之间是有空隙的，可以看到飞鸟从瀑布与河床之间飞过。太阳映照下，瀑布上就会有彩虹出现，景色异常壮观。因此当地人给它起个名字，叫作“虹霞瀑布”。然而，地震以后，瀑布消失了，温泉没有了，寺庙也倒塌了。

杨逸畴不免感叹，地壳构造运动的变化对山河的破坏，就是在短短几十年间，所谓沧海桑田不过如此！

由于“白马狗熊”前面已经无路可走，考察队只好按原路返回。虽然这次没能穿越大峡谷，但是两次考察经历帮助杨逸畴对大峡谷地区的地质地貌有了详细的了解。更重要的是他发现雅鲁藏布江是一条适应地质构造发育而产生的“先成河”，而并不是之前有所定论的“袭夺河”。“先成河”是指一条河流形成以后，如果在流域内发生局部的地壳上升运动，而河流下蚀速度又等于地壳上升的速度，所以河流仍能切穿上升部分，保持原来的流路。由于该河的发育早于隆起构造，故称先成河。而“袭夺河”，意即相邻流域的河流因为水流侵蚀速度的区别，切穿分水岭，把另一侧的河流抢夺过来的现象。

那么，杨逸畴关于“先成河”的推断到底是不是雅鲁藏布江的真正成因呢？

有关雅鲁藏布大峡谷的形成，科学界曾有过许多种推测，而最主要的论点认为雅鲁藏布江大拐弯的形成是河流袭夺的结果，强调它是喜马拉雅山南坡南北向河流的溯源侵蚀袭夺了北坡东西向河流，奇特的大拐弯也就成了“袭夺弯”。20世纪50年代，许多科学家依据雅鲁藏布江许多大支流呈反向汇流的特点，推断其上古时期曾经由东向西流向缅甸的伊洛瓦底江，后因两大板块相互碰撞而改道流向了印度的布拉马普特拉河。当时，板块理论炒得热火朝天，似乎又旁证了“袭夺河”存在的可能。

板块学说的建立，被公认为20世纪地球科学的最大突破。

随着技术革命，证实和发现大陆确实在移动，并且这种移动从来也没停止过，“板块构造”说脱颖而出。它不仅解释了海洋的形成、陆地的漂移，也解释了大陆碰撞的逻辑理论。这一系列新理论构成20世纪70年代国际地学革命的核心，人类对于地球的认识因而大大向前迈进了一步。杨逸畴等首批进入雅鲁藏布大峡谷的科学家，同样得益于板块构造理论、大陆漂移学说的帮助。

然而，杨逸畴从雅鲁藏布江源头开始一路考察下来，发现雅鲁藏布江下游的“U”形大拐弯并非一个拐弯，而是往下连续的多个拐弯，更符合是适应不同方向断裂构造发育的先成河特点，而不是河流袭夺作用所造成的“袭夺弯”。

同时，考察结果显示并未发现其支流帕隆藏布江同伊洛瓦底江上游之间有任何古河道的遗迹存在，没有“袭夺”的实锤证据，加上时值“板块漂移学说”在国际地学界的声音日益增大，所以杨逸畴教授心中萌生一个想法：雅鲁藏布江应该是一条适应地质构造发育而产生的“先成河”，并非因布拉马普特拉河溯源侵蚀的“袭夺河”。

杨逸畴从1974年开始参加大峡谷科考，1975年萌生以上想法，到1982年才公开发表，从提出想法到完成论证，花了整整7年时间。

1982年3月，杨逸畴在《地理研究》第1卷第1期发表了让世界地理界为之震撼的重要地理发现——科考论文《雅鲁藏布江大拐弯峡谷的地貌特征和成因》，引起全世界轰动。

杨逸畴提出雅鲁藏布大峡谷是“先成河”后，引来了许多坚信“袭夺河”说的科学家们的质疑。然而这些质疑并没有阻挡杨逸畴探索的脚步。在接下来的岁月中，他一次又一次地进入了雅鲁藏布大峡谷，进一步发现了“先成河”理论的更多实证，在大自然恶劣的环境中，逐步揭开雅鲁藏布大峡谷的秘密。

三

从1974年考察结束到1983年的十年间，杨逸畴虽然没机会再去雅鲁藏布大峡谷，但他依然继续在青藏高原其他地方坚持考察工作。

1983年春天，杨逸畴担任中科院登山考察队队长，配合国家登山队攀登南迦巴瓦峰。南迦巴瓦峰位于雅鲁藏布大峡谷的拐弯处，这里孕育着与高原内部不同的海洋性冰川。对于杨逸畴来说，这是考察大峡谷的又一次难得机会，也是进一步完善“先成河”理论实证的机会。

当杨逸畴一行到达一个叫大渡卡的村庄时，南迦巴瓦峰非常清晰地呈现在大家的面前。队员们显得很激动，都欢呼起来。这时，杨逸畴发现南迦巴瓦峰的西坡挂着一条灰白色的冰川，特别想去看看。第二天，考察队专门去了距离南迦巴瓦峰更近的格嘎村，带上几个向导爬到冰川上去搞测量。让杨逸畴特别惊奇的是，这条冰川没有连续性，有六段空白区，其末端还飞过直白村落入雅鲁藏布江中。他后来请教冰川学家张文敬，方知这是中国首次发现的跃动冰川。

这条跃动冰川的名字叫“则隆弄冰川”。它与常见冰川不同的是，其起止进退并不完全受控于水热环境的变化。不管积累区的物质供给是否丰富，也不管气温是否连续变化，只要周期来临，它就不管不顾地向前跃进。一旦这种跃动冰川发生超长运动时，就会造成山洪甚至泥石流的暴发。

一路上的泥石流、雪崩、急流等，不断地阻碍着科考队员们的前进。更让大家意想不到的是，路上除野兽以外，马蜂窝也很多。据当地老乡讲，3只马蜂就能蜇死1匹马，足见这里马蜂的凶猛。人遇上马蜂窝都得绕道走，有一次，有人为躲马蜂差点儿遇险。由于在路途中的树丛里发现了马蜂窝，大家实在不愿为这几十米的马蜂道而改道爬山，那样需要绕上半天。于是他们用雨衣包着头，裹住身体，然后低头缩肩一口气冲过去，结果有人只顾低头看脚下的路，跑过了头，一气冲过去，滚倒在路边坡下，幸好被树拦住，才没跌进峡谷，队员们都惊出一身冷汗。这样的危险情况在考察中时有发生，但考察队员们仍旧热情高涨，处处感受着大峡谷的神奇所在。

由于南迦巴瓦峰地区地处峡谷腹地，地形特殊，生物资源也极为丰富，因此在完成登山考察的任务后，同年夏天，杨逸畴又继续和气象学家高登义、植物学家李渤生等科考队员们一起，顺着通麦公路进入大峡谷，进行第四次考察。这一次考察，是杨逸畴印象中最惊险也是收获最丰富的一次。

杨逸畴一行来到川藏公路最惊险的鬼门关一段。在这里，考察队看见有几十辆汽车都堵在路上，堵车队伍很长。原来是因为帕隆藏布江的一条支流培龙沟上面一座30多米高的钢筋混凝土大桥被泥石流冲毁，车走不了。考察队员只好小心翼翼地步行越过尚未破坏的桥面，走到对面一个门巴族聚居的叫帕隆村的地方住了下来。为了避免危险，考察队还特意找了这个村庄地形部位最高的一个地方住宿。

可是，谁也没有想到危险还是悄然来临了。

凌晨两点多钟，考察队员们听到“轰轰轰”的声音，响声很大，整个大地都在颤抖。考察队员被这突如其来的声音惊醒，打开大门一看，外面一片漆黑，下着大雨，只隐约看见当地老百姓跟着狗，牵着牛，背着小孩，扶老携幼往前面公路上跑，穿过公路又往山上跑。所有考察队员拿着手电筒集中亮光向远处黑暗的地方看，雨水很大，前面不远的川藏公路上三十几米高的大桥已经要塌了。上面泥石流冲了下来，有许多大石头，还混杂了许多大树枝。情况紧急，考察队员们来不及多想，也赶紧跟着老乡往山上跑。

泥浆、石头、像房子那样大的冰块不断奔涌下来。冰凉冰凉的泥石流没到队员的大腿根深。直到早上七点多钟的时候，泥石流才停了，一片肃静。雾散去时，队员们才看到下面住的村庄已经成了一片废墟。考察队员们在这次特大泥石流下死里逃生。假如队员们不跑或是跑慢一点的话，后果不堪设想。杨逸畴事先没有料到这场特大泥石流，惊险过后连呼庆幸。作为此次考察队的队长，他决定临时调整考察计划，先在这里停留下来，弄清泥石流暴发的原因。

杨逸畴带领着考察队沿着山沟往上走，想看看到底发生了什么。他们发现原来是念青唐古拉山上的冰川暴发了。当地老百姓说，这一个多星期，这片地区的气候有点异常，温度高，特别闷热，而且持续了很长时间。在这种天气情况下，上面冰川的斜末端发生冰崩、破裂，大块大块的冰崩下来。冰川到这里停下之后，把大量物质带下来，形成一个湖形的终碛垄。一旦冰川融化，上面冰湖里的水流下来，泥石就会同时下来，扫荡周围山上的泥石、树木，形成一股泥石流。泥石流的龙头有100多米高，在这样一个巨大的黑色山谷里，像黑龙一样往下奔流，将沿途的一切阻碍一扫而光。

种种数据显示，雅鲁藏布大峡谷内外侧的南迦巴瓦峰和加拉白垒峰是冰川发育的中心。山岭白雪皑皑、山坡冰川悬垂，由于南来湿润气流可通过峡弯下段的谷地伸入，高山降水充沛，遇冷后形成大量冰雪积累，冰雪覆盖的山岭上雪崩滑道累累，导致雪崩和冰崩极为频繁。同时，谷坡洼地可以看到受冰雪崩坍补给发育的再生冰川，一些冰川舌可以穿越森林下伸到海拔3100米左右的雅鲁藏布江畔，属于我国罕见的季风型海洋性冰川类型。冰川融化后，常形成泥石流堵塞大峡谷江道。

面对大自然的鬼斧神工，杨逸畴还是感到兴奋异常。通过这次考察，杨逸畴认为，如果可能，将来应该在这里沿着冰川的走向逐级设立观测站，及时预告泥石流等自然灾害的暴发。这之后中科院墨脱观测站的建立就是这一设想的实现。

在接下来的考察中，杨逸畴找到了更多关于"先成河"理论的实证。

他发现，雅鲁藏布大峡谷两侧山地前山靠近峡谷，谷坡坡度介于30—50度之间，山地呈脊岭状向谷地延伸，构成交错的山嘴或起伏的峰面，一般没有冰雪作用。然而，其后山南北侧以南迦巴瓦峰、加拉白垒峰为主的山系，海拔却在5000米以上，主峰最高达7787米，呈金字塔形角峰高矗，其它山岭大多呈锯齿状，雅鲁藏布江就是从这级地面下切而成的。

当杨逸畴进入米林县派镇时，发现了一个更奇特的地理现象，由西向东流的雅鲁藏布江，到这以后突然转向北东流去，穿切在喜马拉雅山东端的南迦巴瓦峰和加拉白垒峰之间，并环绕南迦巴瓦峰转折南流，形成几百公里长的大拐弯，而且大拐弯中又套叠着一个个直角形的小拐弯，河道流路蜿蜒曲折，峡谷一个接着一个，最狭的地方不过70—80米。峡谷两侧的山岭海拔多数在4000米以上，从谷底到岭脊的相对高度都在2000米以上，切割深度和密度由下游向上，在大峡谷的顶端部位最大。

雅鲁藏布江上、中游江段发育在东西向深大断裂带上，以断断续续出露的蛇绿岩为标志，地形上表现为宽大平直的贯通谷地，已为众多地理地质学家所公认。可杨逸畴考察派镇以下的雅鲁藏布大峡谷，明显感到雅鲁藏布江下游则是顺应地缝合线东端构造的弧形转折造就的一系列密集的断裂和褶皱发育而成的。随着青藏高原的强烈隆起，河道适应着断裂构造带这个薄弱部位一步步下切发育，一些局部河段还适应着与主断裂相配套的那些横向断裂而发育，导致大拐弯中叠套着一个个连续的小拐弯。

在杨逸畴看来，以南迦巴瓦峰为中心的大峡谷内侧地区，则是两大板块强烈隆升的上升中心，它的不断间歇性强烈上升，使大峡谷江段一个接着一个、一个套着一个。把大峡谷和整个雅鲁藏布江中上游联系起来看，它无疑是一条适应自身构造发育的先成河流。

这次考察中，地质学家郑锡澜最为辛苦，每走到一个地方他就要敲敲打打，找石块作标本，装进自己的大背包里。有些队员的包越背越小，可郑锡澜的包却是越背越大。有一天上午，杨逸畴正在他旁边观察地貌，偶然听到他小声叫道：“咦，这个石头不一般”。杨逸畴走近一看，凭着青藏高原多年科考发现，他确定这是超基性岩体，是地壳深处物质一下子裸露到地表形成的。这个发现让他意识到，雅鲁藏布大峡谷是大断裂带，地质构造极为复杂，而峡谷密集断裂，则又是雅鲁藏布江是“先成河”的一个重要依据。这再一次印证了杨逸畴雅鲁藏布大峡谷的“先成河”的结论。

四

独特的地理构造，奇特的地貌环境，给雅鲁藏布大峡谷设下一个又一个谜。继完成“先成河”结论的验证后，杨逸畴和科考队试图解开雅鲁藏布大峡谷隐藏的又一谜底——“水汽通道”之谜。

进入雅鲁藏布大峡谷，考察队员们最直接的体会恐怕就是它凶神恶煞般的奇和险。但当他们走到下游河谷时，大峡谷就像一位害羞矜持的少女，慢慢展示出她那绝无仅有的风情。在峡谷大拐弯处海拔7782米的南迦巴瓦峰山顶到下游海拔数百米的墨脱县背崩河谷，队员们可以体验到从冰天雪地到热带雨林之间所有的气候变化，也可以看到从北极到海南岛上万里距离内分布的所有植被类型。这样的奇观，全世界也只有在雅鲁藏布大峡谷才可以看到。

雅鲁藏布大峡谷里热带雨林和寒带冰川交相辉映，在南迦巴瓦峰高坡依次分布着从寒带高山冰原到热带低山常绿、半常绿、季风雨林等9个垂直自然带，是世界上生物多样性最丰富的峡谷谷地。本来属于寒冷干旱气候的青藏高原的东南部地区，不知何时开始竟然出现了暖润宜人、四季如春的舒适气候，那些只有在温湿气候带才会生长出的红花绿草、鲜果美景，为什么会出现在青藏高原这个奇特的自然环境中呢？

从地理视角俯瞰，雅鲁藏布大峡谷切开了青藏高原东南部和喜马拉雅山的阻挡，围绕南迦巴瓦峰突然由北东走向折成南北走向，形成了一个大缺口。它就好比是横亘在青藏高原上的一个烟筒，使印度洋的暖湿气流顺着这个缺口，穿过这条通道，深入高原内部。很多人认为雅鲁藏布大峡谷是一个奇妙的水汽通道，正是它所带来的水汽暖湿造就了湿润温暖、雨雪丰沛，色彩艳丽的青藏高原。

但为什么它是水汽通道？具体能进来多少水汽？产生了什么样的影响？杨逸畴和科考队员们要做的是靠一个个数据来论证这个雅鲁藏

布大峡谷水汽通道的存在。这是考察队所担负的另一项很重要的任务。

据科学考证，雅鲁藏布大峡谷早在1万年以前，就形成了现在的规模。然而在还没有水汽通道存在的时候，尽管雅鲁藏布江水汽格局已经形成，但是由于青藏高原和喜马拉雅山脉隆起高度仍然很低，西风气流仍然可越过青藏高原，青藏高原还起不到屏障作用，西南季风仍未建立，因而无法导致喜马拉雅山脉南北坡自然环境和景观的巨大差异。随着青藏高原和喜马拉雅山脉高度的日益隆起，其带来的屏障作用以及雅鲁藏布江下游河谷的加深加宽，最后导致了马蹄形拐弯大峡谷的形成，使得印度洋的水汽源源飘来，给青藏高原南北地区的气候带来了很大的变化。同属青藏高原地区，由于受水汽通道的影响，藏东南地区雅江流域绿意盎然，而藏西北地区内陆河流域却干旱荒凉。

至今，由于喜马拉雅山脉对气流屏障作用的极大加强，位于喜马拉雅山脉东端的雅鲁藏布大峡谷的水汽通道的作用越来越显著。通过气象专家的测定，沿大峡谷源源不断输入的印度洋暖湿气流量，相当于夏季长江以南地区向长江以北地区输出的水汽量。

杨逸畴及有关科研人员在对雅鲁藏布大峡谷及其水汽通道进行了漫长而艰苦的实地考察后，做出科学论证：围绕着南迦巴瓦峰大拐弯区域的这条裙带般美丽的水汽通道，是青藏高原上输送量最大的水汽通道。它的输送方向，共分为三支，一支最大的是从雅鲁藏布江向西北方向一直到念青唐古拉山南麓；另一支是沿着帕隆藏布江支流往东输送，一直到然乌湖这一带；还有一条比较小的是拐弯以后，再往西沿着雅鲁藏布江上游走。

由于拥有了充足的降水量和温暖水汽的滋润，藏东南地区和藏北地区相比，人类以及动植物的生长环境，有着非常明显的差别。藏东南地区的气候比藏北地区的气候要温暖湿润，相应的南北动植物的生长环境也有很大的差别。

科学家们认为：水汽通道是影响藏东南的气候带和自然环境带以及对于藏民族文化方面演化的重要因素。由于水汽通道的作用，在雅鲁藏布大峡谷地区的年平均气温要比同纬度的其他地区大概年平均气温高出5℃到10℃。在雅鲁藏布大峡谷地区，水汽不断地输送使得这一地区的雨季也提前了，也使得这个地区的强降水和雅鲁藏布江陡峭的地形互相作用，又形成了世界上最大的降水带和温暖的地带，因此就形成了它的壮丽和它的奇特。在这里人们在抬头和低头之间可以看到从赤道到极地的风光，还可以看到海洋性冰川一直伸到森林里海拔两千多米的地方，在冰川上面长着青草开着鲜花，而四周是绿色的森林。雅鲁藏布大峡谷水汽通道以纯净温暖的情怀滋养并造福人类。

杨逸畴等科学家对雅鲁藏布江大峡谷连续多次的科学考察活动，最终确证了雅鲁藏布江大峡谷为重要水汽通道，来自印度洋的大量水汽通过该通道源源不断地向高原内部输送。水汽通道的水汽输送调和了喜马拉雅山南北自然地理垂直带和自然景观，改变了藏东南雨季的位置和时间分布。同时，这里又是地球系统中层圈耦合作用研究最理想的野外实验室，被世界科学界看作“打开地球历史之门的锁孔”。

1983年考察结束后，杨逸畴与同去考察的高登义、李渤生一起发表了论文《雅鲁藏布江下游河谷水汽通道初探》，分别从地质、气象、生物等角度论证了雅鲁藏布大峡谷是青藏高原最大的水汽通道，对高原的气候和生物多样性产生了极为重要的影响。

1987年中国科学院青藏高原考察队获得国家自然科学一等奖，

这篇文章就是获奖成果之一。

五

1994年3月，杨逸畴、高登义、李渤生三人应邀前往我国台湾进行讲学。他们从台湾同行那里得到一个重要信息：美国科学家在前往西藏旅游时，偷偷拍下过几张大峡谷的照片。通过分析，他们认为位于喜马拉雅山东端的南迦巴瓦峰下的大峡谷，可能不逊于科罗拉多大峡谷，但因缺乏实地考察证据，因此不敢贸然对雅鲁藏布大峡谷下什么结论。

而杨逸畴多次的考察结果表明，雅鲁藏布大峡谷峡谷深度是6009米，而科罗拉多大峡谷最深的地方不到2000米，秘鲁的科尔卡大峡谷深度也就3000多米。科罗拉多大峡谷的连续长度，只有300多公里，雅鲁藏布峡谷大拐弯一直到中国边境的巴昔卡是504公里，都远远地超过美国的科罗拉多大峡谷。

从台湾回到北京，杨逸畴调来大峡谷的航测地形图、航空像片和卫星影像图，拿这些图像跟自己在大峡谷中拍的照片加以对照，并一次次根据实地考察记载下的数据仔细比较和计算。

一个月后，杨逸畴终于得到了准确的结论：中国的雅鲁藏布大峡谷是世界第一大峡谷。杨逸畴又和高登义、李渤生及中国科学院院士、国际第四纪研究联合会主席刘东生一起审阅复核，确认这个结论的科学性和准确性。

1994年4月17日，新华社将这一重要新闻向外界公布，引起全世界范围内的极大轰动。这一论证在改写世界地理学教科书的同时，也宣告了20世纪末中国人在世界地理考察史上的一次重大发现。

1998年，经国务院批准，大峡谷被正式命名为“雅鲁藏布大峡谷”。1999年，国家测绘局在北京公布，经精确测量，雅鲁藏布大峡谷全长504.6公里，最深6009米，为世界之最。

杨逸畴是第一批进入雅鲁藏布大峡谷的科学家，迄今为止他已经从不同方向八次进入大峡谷里了，可以说整个大峡谷他都已经一步步丈量过了。在雅鲁藏布大峡谷科学考察史上，能够八次进入大峡谷是空前的壮举。

杨逸畴前六次进入大峡谷，一直没有走完全程，都在距核心地区还剩下最后90公里的河段停步。论证了大峡谷是世界第一之后，把这最后一段河段走完成为他最强烈的愿望。由于身体的原因，家人及朋友都试图劝阻他。但杨逸畴决心已定，并从1994年就开始筹备徒步穿越无人区。

时光转眼来到1998年，杨逸畴的雅鲁藏布江最后的穿越才得以成行。当时他已经做好了“献身”的准备。在徒步穿越前夕，同行的有的科学家还特意剃了光头，以示征服这最后难关的决心。

90公里的无人区地形十分复杂，他们整整用了37天才成功穿越。当大家汇集后，不禁抱头痛哭。这种难得的情谊和付出后取得巨大成功的喜悦，是一般人无法体验的。对于杨逸畴个人来说，能够在花甲之年参与徒步穿越大峡谷的壮举，是他科研之路的一个圆满句号。

已过古稀之年的杨逸畴没有停止对青藏高原、对大峡谷的关心、反思和总结。他说，青藏高原和大峡谷是宝地，它们的开发、保护、可持续发展和利用将在西部大开发中起到举足轻重的作用。再有一个就是雅鲁藏布大峡谷里具有丰富的水力资源，从海拔3000米上口到下口六七百米，落差将近3000米。这个落差带来的发电量将超过长江三峡的两倍半，是21世纪的一个储备性资源。如果把大峡谷的水力资源引导到下游进行发电，不仅能够解决西部地区的能源问题，还能直接减少当地百姓砍伐树木等破坏自然的活动，一举两得。

杨逸畴说：只要付出就会有回报，大自然才不会亏待我们。这是一个将一生奉献给大自然的科学家发自内心的感慨。

第九章 山路难行

一

“红军不怕远征难，万水千山只等闲。五岭逶迤腾细浪，乌蒙磅礴走泥丸。金沙水拍云崖暖，大渡桥横铁索寒。更喜岷山千里雪，三军过后尽开颜。”这首《七律·长征》是毛泽东于1935年10月创作的。当时他率领中央红军越过岷山，长征即将结束。这是一场惊心动魄的远征，也是人类历史的壮举！回顾长征一年来所战胜的无数艰难险阻，他满怀欣喜、生动形象地概括了红军长征的战斗历程，热情洋溢地赞扬了中国工农红军不畏艰险、英勇顽强的革命英雄主义和革命乐观主义精神。

红军长征中经过了无数艰难险阻，这首《七律·长征》中写到的一些地名更让人们耳熟能详。五岭、乌蒙、金沙江、大渡河、岷山……我们依稀能看到当年红军战士跋涉千山万水的足迹。展开红军长征的路线地图，我们发现，从金沙江开始一直到爬过雪山，走出草地，到达若尔盖，红军一直行进在横断山脉之中。开国上将肖华将军在他作词的《长征组歌》里发出“横断山，路难行”的感叹。横断山山高谷深，严重阻碍了交通，横断山，路难行是它真实的交通写照。在科学家的眼中，横断山脉之险峻，远远超出了诗中所描述的寥寥几笔。新中国成立后，当中国科学家在进行横断山脉科学考察的过程中，走过当年红军走过的路线，都为红军将士英勇无畏、克险攻坚的牺牲精神所深深折服，也激励他们用自己的毕生精力去解开横断山的科学之谜。

世界年轻山系之一的横断山脉，是中国最长、最宽和最典型的南北向山系，是唯一兼有太平洋和印度洋水系的地区。横断山脉位于青藏高原东南部，通常为四川西部、云南北部和西藏自治区东部、青海南部以及甘肃、贵州的一小部分的南北向山脉的总称。因横断东西间交通，所以得名。

横断山脉东起邛崃山，西抵伯舒拉岭，北界位于昌都、甘孜至马尔康一线，南界抵达中缅边境的山区。山川南北纵贯，东西骈列，自东向西分别有：邛崃山、大渡河、雅砻江、沙鲁里山、金沙江、澜沧江、怒山、怒江和高黎贡山等。构成两山夹一川，两川夹一山的险峻地形。

横断山脉山水相间，河谷高山北连亚洲腹地和青藏高原，南接亚洲南部热带地区，成为动植物南北扩散的通道和东西交汇之地。在科学界眼中，由于横断山脉的形成过程是逐渐由近东西走向变为近南北走向的，使这里的生物逐渐进化出非常特殊的适应性，成为动物、植物学研究的热点地区。

这是中国一个独特的地理单元，这里7座高山峡谷相间排列，6条大江并行流淌。在这片将近100万平方公里的深幽峡谷和高山草原里，分布着中国位置最靠东的海拔7000米级别高峰贡嘎山，最后的人类未涉之地念青唐古拉山脉东段……

由于横断山脉的交通困难，许多地方很少受外来影响，保存了许多少数民族独特文化和未被破坏的自然景观。

虽然只占国土面积的1/10，横断山脉却集中了中国最精华的地质部分。今天，从峨眉、瓦屋，到南迦巴瓦；从九寨、黄龙，到大理、丽江；从色达的红色佛国，到雨崩的天堂神瀑；从雪山脚下的香格里拉，到雨林深处的西双版纳；从情人放歌的泸沽湖，到安妮宝贝笔下尘封的墨脱……这都是令很多人趋之若鹜的旅游胜地，觉得自己走过这里就像走遍了大江南北，殊不知转来转去都在同一个地方，那就是——横断山。

面对横断山的高山险阻，当年，李白发出了“蜀道难，难于上青天”的感叹，只不过他并没有西去，而是沿着剑门关一带的蜀道或穿越“米仓古道”北上长安了。杜甫端坐在成都的草堂，推开窗，远眺着西边的雪山峻岭，他也无法前往，于是只得无奈地留下“窗含西岭千秋雪”的诗句。那时候，纵使诗人们有着怎样的豪情万丈，面对横断山，也不能越雷池一步。15世纪，当明代大旅行家徐霞客来到丽江准备继续西行时，也只得望而却步于玉龙雪山脚下。

从19世纪中后期开始，西方的探险者深入横断山脉，展开了一系列的地理、地质以及动植物考察，并取得了许多重要发现。这是探索横断山脉的拓荒时代，这一时期以英国探险家威廉·吉尔、植物学家金敦·沃德、美国探险家约瑟夫·洛克为代表。西方植物园对于来自中国西部奇花异草的渴求，催生了“植物猎人”这一群体，并促成了横断山区的早期植物考察。

二

1980年，青藏高原综合考察队队长孙鸿烈带队对横断山脉进行了预调查，为来年的大规模考察选点，随行的有地理学家李炳元，而他的首要任务就是确定横断山脉的范围。

横断山脉的地理范围学术界历来争论不断，但普遍认同“山川并列、近南北走向、地势起伏剧烈”这一组合地貌特征。

在青藏高原东南，塔里木、中朝、扬子板块与对撞过来的印度洋板块顽强抵抗，地质物质被挤到皱成一束，迫不得已南北拧缩，形成了地球表面最年轻、最皱巴巴、挤压得最窄的巨型复合造山地带——呈束状分布的横断山山脉。因为皱，横断山脉呈现出独特的一座山、一道河，一座山、一道河的纵向排列。

长期以来，对于跨越藏、青、川、滇、甘五省区的横断山脉划界众说纷纭，依次有“三脉说”“四脉说”“五脉说”“六脉说”到“七脉说”（三山夹二江、四山夹三江，以此类推）。

“横断山脉”一词的起源已无法查考。这词在文献中最早见于邹代钧撰写的《京师大学堂中国地理讲义》（1900—1901年），有关范围的叙述为：“……有大沙积石山，迤南为岷山，为雪岭，为云岭，皆成自北而南之山脉，是谓横断山脉”，也就是“横断五脉”说。

白眉初把上述“五脉”西面的色隆拉岭也包括在内，称为“横断六脉”。其后，地理学家任美锷、严德一、徐近之、丁锡祉对横断山脉又各有论述。

而按照“七脉说”的划定，横断山区域共有平行的7条山脉和6条大江，从东到西，分别是岷山、邛崃山、大雪山（贡嘎山）、沙鲁里山、芒康山、他念他翁山、伯舒拉岭（高黎贡山）这7条山脉，统称“横断七脉”；与岷江、大渡河、雅砻江、金沙江、澜沧江、怒江这6条大江，统称“横断六江”。

如果仅从地貌角度考虑，横断山的西界就是伯舒拉岭—高黎贡山一线，东界是岷山，北界大约在石渠—若尔盖一线，南界沿着山文线走势大约能延伸到国境。

但是，关于横断山的地貌南界，专家学者一直有着不同意见。经过各种资料研究比对，李炳元认为，横断山的南部界线应在云南保山龙陵—南涧—大理—丽江—四川盐源一线，其根据是：横断山山脉顶部的海拔大致都在4000米以上，留有古夷平面的特征，但是云南大理到国境的这一段山体海拔仅在2000米左右，从地貌上来看不具有“高山深谷”的横断山特色。

经过一系列考察和研究前人的资料，并根据地质构造和地貌状况，李炳元基本认可了横断山脉的“七脉说”。

三

横断山脉范围预划定结束后，横断山脉的科学考察活动正式拉开序幕。这是继第一次青藏高原综合科考尾声的第二次大行动，为时5年。

1981年，孙鸿烈部署过考察工作并进行过先期预考察之后，去了美国做访问学者。这一阶段实际是由森林、生态学家李文华做了队长，章铭陶、韩裕丰和王震寰任副队长，谭福安任业务秘书。考察重点在川西和滇西北，涉及藏东一带；考虑到行政区划的完整性，在云南一些地区约略超出了青藏高原范围。

考察队考察的横断山区云南西北部一带——滇西北地区，集中着亚洲南部纬度最低的玉龙、哈巴、白马、梅里等大雪山。南上北下的气流在此相遇，造成大面积降雪。山顶终年白雪皑皑，雪线以下森林茂密，飞瀑流泉。

横断山脉的“立体气候”早已是举世闻名，从前的中外科学家探险者大都形象地描述过这一特征，但此前，定点观测的工作却从未有人搞过。

李文华和张谊光一起在不同的高度、不同的植被带设站观测。这些观测站基本都建在荒无人烟的地方，而且白马雪山冰雪封路长达半年，工作条件极为艰苦。与此同时，他们还在小中甸林区建立了林内外对比观测站。由于中甸林业局慷慨提供建站所需物资材料和观测人员，他们才得以在原始云杉林内和采伐迹地上建立了观测场地。在横断山野外考察期间，每到一地，李文华都向气象和农林牧水等部门索要第一手资料，通过林内外的对比进行观测。这些资料对研究暗针叶林的更新和演替规律，提供了宝贵的气象依据。

从1982年到1984年，整整3年时间，有40名观测员坚守在观测阵地。观测人员的组成，是应科考队请求，云南省气象局从全省各地本系统技术人员中召集来的“志愿兵”。除常规观测外，他们还参与了对于太阳辐射分光观测、风对降水影响的试验、高山草甸牧草动态产量测定，以及山谷风无线电探空等。3年中，共获取了48万个原始数据，由此首次取得了横断山区比较完整的第一手资料，这对于横断山区气候特征、掌握规律以破解自然奥秘、为解决山区农林牧生产问题和相关应用学科研究提供了珍贵的依据。

观测计算结果表明，横断山区气候垂直变化较之我国其它地方都要显著得多。就年平均气温而言，垂直递减率由下往上增大；海拔高度每上升100米，气温就将下降0.7—0.8摄氏度，降水特征也十分明显。白马雪山距水汽来源较近，按说降水量本该丰富，但是不然。它只在高山上部降水较大，而且较之西部群山降水已大为减少。这是因为近南北走向的山脉河流几乎与西南暖湿气流迎面相遇，但大量水汽在白马雪山以西的高黎贡山、碧罗雪山迎风坡凝结降落，到云岭、白马雪山一带势头已弱，俯冲而来的气流来不及大量降落，就越山而去，在背风坡上部落下。所以白马雪山降水特征与众不同，它的最大降水量不在迎风坡而在背风坡上部，一日最大降水量不在雨季而在冬季。

位于太平洋和印度洋两大季风系统间的横断山区是青藏高原“水汽通道”的直接作用区。丰富多彩的气候，高差悬殊的地貌，使植被生物呈现出五光十色、欣欣向荣的特点。动植物多种区系在这里交汇共生，又因古地理气候环境变迁而重新分化，并富含古老和孑遗物种“活化石”，是中国弥足珍贵的物种基因库。丰富的植被类型既集中在垂直自然地带，又使全区由高及低、从理塘高原向南过渡到滇中高原呈现水平地带变化。

滇西北雪山地区定点观测站的建立，让横断山科考队的科学家们获得了关于横断山脉气候特征第一手宝贵的资料。丰沛的、虽然不够均衡的降水，令横断山区植物丰富多彩，堪称生物避难所、生物多样性宝库。这里成为研究地学生物学并解决许多重大理论问题的关键地区，所以，横断山科考实际上是多学科的交叉综合性科学考察活动。

考察队在这次科考活动中还有一个重要成果，就是穿越独龙江原始森林无人区。这是由素有“冒险家”之称的植物学家武素功带队完成的。

从滇西北到藏东南这个路线，历来进行考察的科学家都没能走通，就连当地百姓也没有走过。这是一个纯粹科学空白地区，武素功抑制不住要做“第一人”的强烈愿望，反复向考察队负责人孙鸿烈宣讲此行意义：填补空白之外，重要的还有此地植被类型如何丰富，对于研究植物演化问题、植物迁移通道问题的重要意义等等。说得孙鸿烈为之心动。随后，考察队研究批准了这一考察方案，命武素功带队，并予以3万元经费支持。

1982年7月，武素功带领植物考察八人小分队，从云南贡山县出发，沿着前不久才修好的骡马驿道，翻越高黎贡山（在西藏称其为伯舒拉岭）。走过有人区历时20多天，走过无人区又历时10多天，沿途走过了独龙族、怒族、傈僳族聚居地，走过了山地热带、亚热带和温带，到达终点——西藏察隅的日东。

这是武素功专业考察中最值得自豪的一段经历。在高黎贡山的森林里，他测量了一株珍贵植物——秀杉，高达119米；在中缅边境线钦郎当的热带丛林中，他统计了一株大树上的附生植物达24种之多；在无人区的云冷杉林中，他看到一片新鲜的生命：树高在30米以上，胸径在1.5米左右，但林中少见腐朽之木，树干上少有寄生菌类，说明这片森林正值盛年。他一路上亲手采集了几千号高等低等植物标本，其中多有新种发现。

这也是横断山考察中最为艰辛的一段经历。一路山高水低，一路藤树缠绕，一路毒蛇猛兽，一路险象丛生。带路的民工手持大砍刀，一路逢山开道，遇水架桥。有一次过河，当民工砍下一棵大树搭成独木桥，武素功小心翼翼走过桥面时，没能掌握好平衡，一屁股坐在了桥上。桥下的澎湃激流令人眼晕，武素功大呼好险。

经过一个多月的披荆斩棘、风餐露宿，当考察队员们翻过一座3700米的垭口时，一眼望到几堆新鲜牛粪，这让大家欣喜若狂。在一路的发现中，牛粪当属让人最为亲切的发现。果然，他们不但看到了牛，还看到了远远的炊烟和原木搭成的房屋，喝上了热情的藏族人捧来的热腾腾的酥油茶，而日东的边防连队也已派人在此迎候了两天。第二天到达终点站日东，部队设宴款待，考察队员们带着劫后余生的喜悦，大醉一场。

相比武素功从事的植物考察，在所有学科中，动物考察虽然也危险，也艰苦，却一向是特别生动有趣的，在横断山区考察中更是如此。横断山区一向被认为是动物的避难所、博物馆和物种分化中心，一些原始动物在适应横断山复杂多样的自然环境的漫长过程中，演化成新物种。

在武素功进行植物考察的同时，中科院北京动物所和昆明动物所兵分两路：来自北京的专家们为北路，工作在川西一带；来自昆明的专家们为南路，工作范围在滇西北。

动物学家冯祚建仿佛置身于森林动物王国，在湛绿幽深的山林背景中，珍禽异兽们向他展开了五彩缤纷的画卷。山道上一路行来，但见满山遍野怒放的花朵熙熙攘攘，花丛中蜂飞蝶舞；灌丛中出没着各种美丽的雉类，成群结队，叽叽咕咕；天上飞翔的各种禽类发出悦耳的鸣唱。待到深入林中，红腹松鼠、长吻松鼠和花鼠们在树枝间跳跃穿梭，看见闯进他们领地的生人，好奇地盯望片刻，然后一溜烟地跑开。大森林让人心旷神怡。

野生动物考察不光是猎获标本，其中重要一项是就近观察动物生活习性。冯祚建接近过机警的矮岩羊，这种矮岩羊别处未见，似乎只在金沙江中游谷地生存；他曾偷窥水鹿如何觅食，如何舔食水坑中的盐渍。水鹿这种热带亚热带森林动物是亚洲特产。这次考察中，冯祚建还有了重大的发现：一次，他望见大树枝杈上一只小熊猫正在午休，全身放松，后肢下垂，懒洋洋的样子，动作表情酷似家猫。冯祚建和队员们从中午一直观察到黄昏，才见小熊猫从容不迫地下得树来，走到箭竹丛旁边，取食竹笋和竹叶，细细咀嚼，又不时擦揉脸面。大家看着它走走停停吃吃，一直到走出视线之外。后来当地村民索性活捉来一只小熊猫，送给专家们。大家每天拿馒头、水果、蔬菜、奶糖和鸟肉喂它，它乖乖地什么都吃，从不挑食，一周时间就被养得肥肥胖胖。观察了一段熊猫的生活习性以后，考察队员在离开这个村时才依依不舍地把它放归山林。

充满生机的山林里有一条长长的生物链、食物链，生命各有其生存之道。在滇西北考察的昆明动物所专家韩联宪最惊险也最戏剧化的遭遇，是与眼镜王蛇的对峙。眼镜王蛇性情凶猛，巨毒无比，行动迅速，俗称“过山风”。与其它毒蛇尤其不同的是，它对人往往采取主动进攻方式，是最为可怕的爬行动物。就在高黎贡山的山道上，动物学家韩联宪和考察队员们与一条茶杯粗的眼镜王蛇猝然相遇。那蛇浑身布满淡白色横纹，扁平的颈部有醒目的“人”字形花纹。此刻它高昂着脑袋，充满挑衅的目光紧盯着人群。糟糕的是大家全无防备，一个个赤手空拳。当地向导见势不妙，即刻就近捡来一根木棍，准备大战一场。但奇怪的是，那毒蛇不仅没有发动攻势，对峙不久后竟连脑袋也颓然垂下。机不可失，向导立即用木棍摁住蛇头，大家一起动手，把它给活捉了。大家一面行动，一面满心地疑惑，到底是怎么一回事呢，细心的韩联宪此时发现了问题，他看到蛇嘴里有东西，定睛一看，是条蛇尾巴。大家马上抓住蛇尾巴使劲往外拉，居然就从蛇口里拉出了一条完整的蛇，那是条黑底黄斑的王锦蛇，已经窒息而死。

令人惊异的事还没完呢，已死的蛇嘴中露出两只鸟爪子。大家赶紧用手术刀给王锦蛇开膛破肚，刚刚吞进的小鸟还完好无损呢，是只红喉山鹧鸪。至此，大家方才恍然大悟，怪不得可以如此轻易脱险呢，原来是眼镜王蛇贪吃过度，差一点儿撑死，丧失了进攻能力啊。专家们捕获并测量了它，使我们对这种蛇有了准确的概念。

在这一阶段的横断山科考中，科考队在植物分类方面就发现了7个植物新属、300多个新种和1000多个新记录，一共记录有5766种植物；昆虫研究方面发现了20个昆虫新属、400多个新种，还发现了一个新目——“缺翅目”。这是历届综合考察中发现昆虫种类最多的一次。

总体上说，横断山是我国野生植物资源最丰富的地区之一。植被具有古北植物区系、中亚区系、喜马拉雅区系和印度马来亚区系多种成分。横断山地区的动植物资源虽然丰富，但并不均衡。基本趋势是呈周边丰富状态，特别是受东南和西南部季风影响明显的区域，而腹地则十分贫瘠。横断山的野生动物，大熊猫、金丝猴和藏羚羊是最珍稀，也是最著名的三属，现存的野生数量已经很少或大为减少了。这次横断山科考在动植物资源考察方面取得了很多重要成果，为其后的考察提供了很多宝贵的第一手资料。

四

横断山脉自然资源的丰富多彩，引发了科学研究上一个最基本的疑问，就是横断山脉到底是怎么形成的？

横断山脉科学考察一个重要的课题是“横断山脉形成原因和地质

历史”。自打地质学家常承法于1973年提出“青藏高原多地体、以多条缝合带多次拼合”的理论框架以来，寻找证据和验证理论的工作，就成为大地构造学家潘裕生历次考察的重点内容之一。这是一个从错综复杂的海陆变迁遗存中钩沉索隐，做去伪存真以验明正身的工作。

按照常承法确定的理论框架，横断山区应有第二条、第三条缝合带通过，它们是班公湖—怒江缝合带和西金乌兰湖—金沙江缝合带。

寻找缝合线就是寻找代表海洋地壳的蛇绿岩。这是一整套包括超基性岩、基性岩、中基性火山岩、枕状熔岩以及覆盖其上的深海相沉积物——放射虫硅质岩的组合，由此明证着深海大洋盆地在此曾经存在过。

按照理论分析，第二缝合带——西部阿里的班公湖至东部怒江的缝合带应该经过西藏丁青县境内。

在1981年至1986年横断山的科考中，考察队重点考察丁青，驻扎在距县城东南30公里处的沙贡区。考察队在海拔5154米的打加拉山峰进行地质剖面考察，每天上山下山，一连3天，每天都是满载而归。第一天在北坡发现了辉绿岩岩墙群，它是海洋地壳的组成部分，尤其被看作是大洋中脊扩张的证据。第二天又从山顶到山底发现了辉长岩、辉石岩、橄榄岩、纯橄岩层理依次交互出现，它们是海洋地壳的重要标志。第三天是第二天工作的继续，计算出这一重复出现的堆积岩层出露厚度达五六百米，宽度为上千米。三天的踏勘，完成了丁青东岩体从沙贡到打加拉北坡的经线地质调查，确认了第二条缝合线的存在，查清了打加拉蛇绿岩套的组成，进而可以恢复地质史上此地海洋的发生、发展与消亡的履历及其当时的自然环境。

考察队沿金沙江一线考察第三缝合带走过了很多地方。从云南境内的白马雪山山顶，到四川理塘县城附近，一直北上到青海的玉树，一路追踪而去，一路发现保存完好的金沙江蛇绿岩套。随着后来的西昆仑、喀喇昆仑考察中第四条缝合带的重新确认和第五条缝合带的被发现，到可可西里考察为止，至此，横断山脉的大地构造轮廓宣告完整清晰。

经过为时4年的工作，来自各方面的证据渐渐丰实。除了上述构造关系、沉积特征和蛇绿岩套以外，古生物地层提供了横断山区首次发现的距今4亿年前的古生物无脊椎时代化石、其后二叠纪箭石、菊石化石标本；老第三纪古桉树化石群；发掘了包括老第三纪晚始新世到第四纪几千万年以来的脊椎动物化石群十多处......横断山区海陆沧桑的来龙去脉就此大致清楚：大约四亿年前，这里不见山脉高耸，唯见广阔大陆架为不深的海水所覆盖。距今大约两亿年前，海水向西退至怒江带，横断山区全部脱海成陆。这一温暖时代持续了上亿年之久，直到4000万年前印度板块撞上来了，此后横断山便与青藏高原一道经历了令它面目全非、脱胎换骨的巨大变化。尤其是360万年以来被命名为“青藏运动”的那次新构造运动，最终使横断山变成今天我们所看到的模样。

然而，“横断运动”概念是早于“青藏运动”提出的。这一理论的提出者是中科院成都山地灾害与环境研究所的陈富斌教授。由于地利之便，这个所一直作为横断山脉的守望者、研究者和建设者，他们也自豪地宣称自己为青藏研究的“独立支队”。1979年，原地理所负责人程鸿先生正式提议对横断山暨贡嘎山进行研究，当年设立了横断山研究室，钟祥浩任主任，陈富斌任副主任。老所长丁锡祉提出从气候地貌角度研究，第四纪专家陈富斌则补充了从地球内部动力角度的研究，并开列了横断山新构造专题。

在随后几年横断山的野外考察中，陈富斌发现了距今360万年前横断山（青藏高原）的隆起、高原边缘与高原外围断陷盆地的生成、统一夷平面的解体，三者同步进行的迹象。

陈富斌所撰写的《横断事件：亚洲东部晚新生代的一次重大构造事件》在1992年的《山地研究》上发表以后，受到了国内学术界的高度评价，被认为是一大理论突破，由此解决了多年来对新构造运动的下限争论，是对青藏研究的重要贡献。

1981年至1986年历经5年的科学考察，科学家的足迹踏遍了横断山的山山水水，他们的征程可以堪比当年的红军长征。横断山综合科学考察队由来自40个单位、约300人组成，考察内容包括自然地理、地貌、气候，气象、土壤、植物、草场、水利、农业经济等，共出版专著36部，取得了丰厚的考察成果。

横断山的路，既是一条猎奇的路，也是一条怀旧的路，更是一条科学探索、千年守望之路。

第十章

蜀山之王

一

在中国的登山科学考察史上，中国人第一次独自攀登的高山究竟是哪座山？这个答案恐怕很多人都不知道，或者众说纷纭，争议不断。但是在中国科学家的眼中，那一定是——贡嘎山。因为它不是单纯意义上的登山活动，而是第一次把登山与科学考察紧密地结合在一起。攀登贡嘎山可以说是中国登山科考活动的里程碑。

在冰川地貌学家崔之久的科学考察生涯中，如果说有一个地方让他终生难忘，也一定是——贡嘎山。因为在这里他开启了人生中第一次冰川考察之旅，也是在这里他第一次经受了生与死的考验，同时也第一次尝受战友牺牲的悲痛。

1957年，24岁的崔之久作为北大的研究生，正在做黄河方面的地貌研究。这一年他突然接到一份特殊的任务——参加新中国第一次独立组队登山行动。登山目标选在了贡嘎山。原因很简单，因为就在前一年，我国登山队与苏联联合征服了海拔7600米的冰川之父——帕米尔高原上的慕士塔格山，但是国际上有一些偏见，有人认为那是苏联人拉着中国队上去的。为了消除这种偏见，中国人要凭借自己的力量独自攀登贡嘎山，并且要和科学考察活动一起进行。然而在当时，很多人对这座雪山的攀登难度一无所知。

临行之前，崔之久得到两件法宝。一件是讲解珠峰攀登的英文书，由当时中科院副院长竺可桢所赠，扉页题词：之久同志将去贡嘎山，赠此书以壮其行。另一件是苏联专家编写的《现代冰川考察指南》，是当时国内的唯一参考书。所有参与贡嘎山登山科考的队员们都怀着满腔热情，然而贡嘎山地形之复杂、气候之恶劣却大大出乎大家的意料，难以想象的困难接踵而至。

攀登贡嘎山的过程异常悲壮，山上风雪肆虐，雪崩突现，冰裂缝随处可见，还有滑坠、雪盲。团队中4个年轻的队员先后遇难，永远地倒在了大雪中。崔之久也身受重伤。贡嘎雪山之行给崔之久带来了极大的震撼，伤心、惊恐、悲痛、无能为力等情感在他心中常常纠缠在一起。

这次“死亡攀登”意义重大，崔之久撰写的中国第一篇研究现代冰川的论文《贡嘎山现代冰川初步考察》由此诞生，而文章的副标题更加令人动容——纪念为征服贡嘎山而牺牲的战友。

拓荒之路总是充满艰辛，但是先驱者们从未退缩。

贡嘎山对于中国科学界的意义并不只限于1957年的这次登山活动。跟随着崔之久的足迹，中国科学家其后多次踏足贡嘎山，贡嘎山如同一部天书，在科学家的手中向世人翻开了梦幻般的书页，也在中国科学考察史上产生了意义重大并且深远的影响。

时至今日，贡嘎山仍然是科学家心目中进行科学考察活动的圣地之一。那么，贡嘎山究竟蕴藏着什么样的宝藏呢？

贡嘎山海拔7556米，是青藏高原横断山脉的最高峰，世界第十六高峰；是地球东方的第一座极高山，也是四川省的最高峰，被誉为“蜀山之王”。

贡嘎山在30公里直线距离内，海拔从1160米上升到7556米，相对海拔达6396米，堪称世界之最。

贡嘎山拥有完整的山地自然生态系统，显示出7个垂直植物带谱和7个气候带谱，汇集了青藏高原隆起发育和历次大地造山运动的地质记录，保存展示着第四纪冰期以来的发育痕迹和现代冰川的壮美景色，是地球最东经区域雪山冰川群的发育显示区，也是我国低纬度地区残存不多的现代冰川发育地之一。

翻开地图，我们可以看到，世界上有很多雪山，但还没有哪一座雪山像贡嘎山那样凸起在温暖湿润的平原之边，并攀升到7556米高度。同时它还被数十座海拔6000米以上的雪山群峰簇拥着，像一朵大莲花，翘首傲立于青藏高原与川西平原的接合部——仅从这一地理特征来讲，贡嘎山就具有了傲立群雄的天然优势和让大众观瞻的通达条件。

贡嘎山具有独有的短水平距离内的高海拔落差，巨大的落差形成了此处明显而完整的、以亚热带为基带的完整垂直自然带谱。同国内外山地相比，贡嘎山是我国与全球最具代表性的垂直景观生态结构剖面。独特的地理环境使之形成干热河谷—农业区—阔叶林—针叶林—高山灌丛—高寒草甸—永冻荒漠带的完整生态景观，物种资源丰富，原始森林保护良好，冰川活动遗迹保持完整。从山脚循山而上，可感受亚热带农田、山地原始森林和海洋性冰川，一日之内可谓“穿越四季”。

以自然地理的视角来看，贡嘎山位于青藏高原和四川盆地之间的陡跌地段；以气候分类的视角来看，贡嘎山处于东部温热湿润气候与青藏高原气候的分界点；以人文地理的视角来看，贡嘎山是西部藏族、彝族聚居区与东部汉族聚居区之间的过渡带。贡嘎山这些多层次、多类型的景观组合，使它成为罕见地貌、独特景观和多彩文化的荟萃地。

贡嘎山是青藏高原形成演化的缩影，是一部充满奥秘且厚重的科学巨卷。这样独特的地形地貌，不仅在全国独有，在全世界都很少见。贡嘎山区域内存在巨大的气候、生物和环境分异特征，这也使得这里成为一个得天独厚的全球生态学、环境学、地质学、水文学、冰冻圈科学等诸多学科研究的“天然实验室”。世界上很少有哪个地方像贡嘎山一样，集中了科学家们那种对山峰本身的关注、对一个地点进行“百科全书式”考察的情怀。

二

贡嘎山得天独厚的优势资源，很早就引起世界科学界的关注。如果说选一个地方来作为贡嘎山的名片，那就非“海螺沟”莫属。

1980年5月，在中国科学院成都地理研究所组织的贡嘎山地理综合考察中，由地质学家陈富斌带领的1个小组一行5人，进入东坡的海螺沟开展工作，他们雇了五六位民工负责背粮食和帐篷。那时雅鲁藏布江中上游几乎没有路，队员们手持弯刀陆续砍出路来往前走，不时还会遭遇蚂蟥。山路陡峭，不能骑马，队员们全靠两条腿来走路，夜里就住在大漂砾与地面间的缝隙里。

没想到进沟后接连下雨。几天后，粮食快吃光了，考察队还没有上到目的地冰川区。陈富斌决定让马夫带着行李下撤，他和考察组同事继续往冰川区走，经过一段难险路段，终于绕行上了海拔3400米的冰舌地段。

冰川景观奇形怪状，有石蘑菇、冰塔、冰面湖、冰面河、冰洞、冰桥……但最为壮观的还是挂在高山之上那条巨大的冰川瀑布和穿过原始森林达数公里的冰川舌。这条大冰瀑自峰顶7556米开始于冰雪之冠的下方，规模巨大的粒雪盆发育了中国最高大的冰瀑布，气势恢宏的大冰瀑最宽处为1.1公里，高达1008米。这是一条超级伸张流，终年都有频繁的冰崩雪崩发生，夏秋季节，小型冰雪崩每天平均达到几千次。

那是陈富斌第一次踏上现代冰川。冰川与森林、温泉共处一沟，给他留下深刻记忆。面对海螺沟的奇异景观，他在进行科学考察的同时也萌生了要在此处建立自然保护区的想法。这个想法多年后终于实现，并使海螺沟成为著名的冰川旅游景区和自然保护区。后来陈富斌被誉为海螺沟风景区的发现者、评价者和设计者，从此与贡嘎山结下了不解之缘。

1981年，结束了西藏境内冰川考察的冰川学家李吉均，也举步走向了贡嘎山的冰川世界。这一次，追随左右的是他的学生们——姚檀栋、秦大河、周尚哲。随行者还有来自兰州冰川所的苏珍等一群冰川学家，加上一批民工，一行近50人的队伍从山脚下开始徒步登山，给养装备全靠人力背运。每天鱼贯行走在崎岖的林间山径上，听林涛呼啸，冰川洪流拍岸有声；环顾山色冰光，感觉凉湿的空气渗入肺部，与青藏腹地大陆性冰川区的考察生活真有天壤之别。

此时正值雨季，雨中行走让人浑身沾满了泥水。第二天，大家走到一个叫大岩窝的地方，实在走不动了，就冒雨宿营。大岩窝是一斜立的巨大岩石，可聊避风雨，但背靠背坐着只解决了不到一半人，其余的只好另寻庇护之地。队员们挥舞冰镐，在两块大岩石间掏出一个可容纳几人的大洞，作为寝室。然后钻进睡袋，睡袋上覆雨衣，一个个在雨中酣然入梦。

几天后，考察队终于又来到陈富斌曾踏足的“海螺沟”冰川脚下，亲眼看到了那条著名的巨大冰川。白色冰川倾泄而下，有近11公里长，如同一条巨龙在山谷间冲出一条巨大的口子，夹杂泥沙的冰舌，仍不断向前推进，在群山间形成了一个巨大的峡谷，景色蔚为壮观。

随后，考察队在大冰瀑附近安下营寨，准备开展考察工作。一连几天的好天气，使雨后乍晴的山林空气格外清新，垂直高度达上千米的巨大冰瀑布在阳光下闪射着银白之光，冰瀑脚上镶嵌着冰川弧拱的美丽花环。这个清凉的冰川世界气象万千，洁净壮丽。

考察正式开始的第一天，大家兴致勃勃地登上冰舌。冰舌伸入原始森林中达6公里之遥，神奇美丽得无以复加。考察队去冰瀑布测量冰雪密度，观察冰中气泡，进行常规的成冰作用考察。大家在危险区外观测，只见一次次冰飞雪舞时的白蓝之光闪烁，声闻惊天动地的天籁轰响，气势磅礴，震撼人心。冰瀑下端的冰川舌，则在阳光与冰水的雕塑下变幻着千姿百态：尖锐的角峰，峻峭的刃脊，浑圆的冰斗，冰桌、冰蘑、冰洞、冰桥，形如卧熊的，形如企鹅的，形如城堡之门的，悬挂着冰钟乳形如水晶宫殿的……犹如步入神话之地，空前的神奇体验令人眩晕。

这一天，在临近黄昏收工时发生了意外：年轻人依次跃过了一条冰裂隙，李吉均却没跃过去，失足掉进去了。幸好那条开裂的冰缝不算很深，他被大家七手八脚弄了上来。李吉均感到膝盖和肋部剧痛，站不起来，撩起衣服一看，腰部已布满冰川擦痕，肋部凹陷下一片。冰天雪地里没有医生，赶几天路下山求医也不现实，而且青藏科考队员们历来都有轻伤不下火线、重伤不叫苦的传统。在医疗措施全无的情况下，李吉均咬紧牙关硬捱着，卧床几天疼痛略略减轻后，就起坐看冰川，琢磨起冰川运动速度问题。

两个月后考察结束下得山来，经医生拍片检查，结果显示：李吉均膝盖骨严重损伤，肋骨折断两根。尽管如此，次年，李吉均又带队再次进入贡嘎山，考察海螺沟侧旁的贡巴冰川。

经过两次考察活动，贡嘎山冰川的形成渐次清晰起来。

贡嘎山这座年轻的山峰，伴随着它的强烈上升，第四纪冰期悄然降临。这个时期的贡嘎山遍被银装，一片琼瑶。冰川最盛时代，末端从东坡一度伸向大渡河岸。后来历经气候的几番变化，在山麓附近留下了冰碛物和冰水堆积。距今上千年前，冰川再度前进，海螺沟冰川末端曾抵达大岩窝海拔2600米处。21世纪以来，贡嘎山冰川处于缓慢的退缩中。

贡嘎山冰川属于典型的海洋季风性冰川，主要是水汽东来的结果。贡嘎山所在的大雪山共有现代冰川195条，冰川面积有338.88平方千米。而大雪山主峰，也就是蜀中第一峰的贡嘎山及附近余脉，共分布有现代冰川92条，面积为267.27平方千米。主峰四周则共有现代冰川76条，面积为227.15平方千米。在四溢的冰流中，有好几条银色巨龙般的现代冰川尤为引人注目：海螺沟冰川、磨子沟冰川、燕子沟冰川、南门关沟冰川以及大、小贡巴冰川。最著名、最壮丽的海螺沟冰川，每年以几百、上千米的速度向前、向下运动着。

贡嘎山冰川与西欧阿尔卑斯冰川虽同为海洋性冰川，但又各具特色。阿尔卑斯山的冰川发育在西风带海洋性气候环境中，降水集中在冬季，全年气温变化不大。贡嘎山冰川则发育在东亚季风气候环境中，被称作季风海洋性冰川。因为降水集中在盛夏，这个季节同为冰川补给与消融季节，所以冰川流动性大。其流动速度每年可达200米以上，夏季冰面消融强度每天平均近10厘米——贡嘎山冰川面貌每天都是新的，贡嘎山冰川具有强盛而活跃的生命。

三

和贡嘎山冰川资源的科考价值相比，贡嘎山的动植物资源更是丰富得让人瞠目结舌。

1982年，中国科学院成都生物研究所承担了横断山东部地区生物资源考察的任务，在植被生态学家刘照光先生的带领下，进行科学考察工作。由于贡嘎山在横断山的特殊地位并具有完整的自然垂直带，被考察队选择作为此次横断山植物考察的重点地区。

在近4年的时间里，考察队先后深入贡嘎山东坡的海螺沟、燕子沟，南坡的田湾河，以及西坡的玉龙溪、力丘河、九龙河、踏卡河等流域，对贡嘎山不同坡向的植被垂直带分布规律、主要植被类型和资源植物进行了较为详细的考察。

1982年5月，考察队把考察的大本营扎在贡嘎山东坡、位于海拔2200米、一处叫青石板的山沟。一天清晨，考察队队长刘照光和往常一样来到一棵大树下“方便”。在他下蹲的地方，有一棵树龄约400—500年的山毛榉科植物——苞槲柯大树，这棵大树胸径约1米、高约25米，墨绿色的树冠像一把巨大的华盖把树的四周遮盖得严严实实。刘光照看见头顶上方几米高处的大树斜生树杈上，倒悬生着一棵长约50厘米的小草，在徐徐晨风中前后左右不断地飘动，形态十分优雅。他凭着扎实的植物分类学的功底和丰富的野外工作经验，意识到眼前这棵飘动的陌生小草非同寻常，很有可能是一种从未定名的新植物。他用一根长竹竿将小草从树杈厚厚的苔藓层中戳下，随队向导告诉他，由于这种植物倒悬生长在大树上并随风飘动，自古以来当地老百姓就叫它“飘草”。

考察工作结束后，通过查阅资料，刘光照和胡孝宏共同给这棵小草取了一个十分形象生动的名字——飘拂黄精，确认该植物为百合科黄精属的一种新植物。后经从事百合科分类研究的专家认定，将飘拂黄精的分类地位上升为一新属，更名为垂茎异黄精，这无疑是一项有世界水平的发现。

在随后的其他项目考察中，考察队还在贡嘎山西坡和北坡相继发现了被植物学界认为已经绝灭的珍稀濒危植物——五小叶槭和康定云杉。根据他们的考察，光是在贡嘎山东坡，按海拔高低大体上可以分为6个不同的植物带。在贡嘎山西坡，谷地基面海拔较高，在不同阶段也有不同景观，虽然部分地带其组成种类仍是云、冷杉属植物，但多以耐干冷气候特点的种类占优势，种类也较东坡丰富并相互渗透，组成混交类型。

贡嘎山的植被演替形成过程显示，泥石流、冰川推进等破坏森林形成裸地，后因为全球气候变暖等，冰川开始退缩，裸地露出来，慢慢地长出植被，从最初的一些苔藓，逐渐开始长草，再之后开始长出灌木和一些树种，接着冷杉、云杉等成长起来。这样的原生态植物演变过程，在贡嘎山可以找到每个阶段的典型样本，也让这里成为一个少有的、绝好的植被演替的原生观测地。

从1995年开始，科学家们着重对贡嘎山海螺沟1号冰川末端的植被演替进行研究，并拿到4项国家自然基金项目，在对变化环境下高山植被原生演替过程进行精准模拟方面取得重要进展。

海螺沟冰川属于季风海洋性冰川，水热条件好，冰川消融速度快，自小冰期以来开始退缩，没有冰进过程，形成了一个完整的从裸地最终到顶级群落的连续植被原生演替序列，近百年来土壤为连续成土过程。通过选择不同样本，以空间代替时间的方法，科学家们已经基本能够模拟出近100余年的海螺沟冰川退缩区域形成的植物连续演替进程。

多次考察结果表明，贡嘎山自然保护区动植物资源丰富，其中有维管束植物185科、869属、约2500种。同时，保护区巨大的谷岭高差和东西环境条件的差异，在这里形成了完整而复杂的植被带谱，以及东西坡垂直带谱结构的差异。

在国际学界，对于植物演替实际上一直有争议，甚至有人认为并不存在这样的过程，但贡嘎山的存在，却让科研人员在这里找到了最佳的例证。

四

海螺沟沟内蕴藏有大流量沸热温冷矿泉，大面积原始森林和高的冰蚀山峰，大量的珍稀动植物资源，金山、银山交相辉映，蔚为壮观。这里是亚洲最东低海拔现代冰川发现地，海拔2850米。其大冰瀑布高1080米，宽0.5—1100米，是中国至今发现的最高大冰瀑布。海螺沟景区背靠世界著名高峰——有“蜀山之王”之称的海拔7556米的贡嘎山，拥有全球可进入性最强的冰川、最雄伟的大冰瀑布、最完整的山地植被带、规模最大的红石滩和浓郁的民族风情。

鲜为人知的是，正是当初在贡嘎山进行考察的一批科研学者，注意到了海螺沟森林冰川的绝美景象。

每年夏季，是野外考察的黄金时间，大多时候，科研人员都要在条件艰苦的野外待两三个月以上，进行实地考察。高达6000米的垂直落差，对科研学者来说，是让他们无比兴奋的观测天堂。密林、荒漠、冰川，越复杂的生态环境，越让科研人员倍感珍贵。

1980年开始，一些科研人员在考察时，注意到海螺沟的独有景观。在1986年他们撰写的一份建议报告中，不仅包括建议成立贡嘎山高山观测站，也包括建议建设全国第一个冰川公园。

贡嘎山站由中科院成都山地所、兰州冰川冻土所、成都生物所合建，成立之初，仅仅只有9000元经费，在当时道路、水电等条件都极端恶劣的情况下，科研人员就开始开展工作了。贡嘎山站创建者之一陈富斌回忆，缺人手、缺设备、缺经费，但依旧有不少科研人员，都爽快地免费到站里帮忙，完成了大量的工作。当年工作为了省钱，从山脚爬到海拔3000米的地方，科研人员都舍不得骑马，而是自己走上去。

在这样艰苦的自然条件下，贡嘎山站一步一步发展起来，在1992年进入中国生态研究网络，2001年12月被科技部列为国家重点野外科学观测试验站。

贡嘎山站科研人员还帮助当地举办导游培训班，向海螺沟、亚丁等景区导游人员开展冰川、植物知识培训。此外，他们还在海螺沟帮助当地打造了占地5000亩的玫瑰园，帮助当地农民发展花卉产业。

建站30多年来，如今贡嘎山站共有科研人员16名，观测场地扩展到6个。这个“天然实验室”还吸引了来自世界各地的科学家，通过国际合作方式，在这里取得丰硕的研究成果。近年来贡嘎山站先后与美国、德国、瑞士、挪威等国家进行学术交流和科研合作。其中，通过与瑞士合作，形成与阿尔卑斯山的横向对比研究。

在科学家们的眼中，川西九寨沟和海螺沟这两处旅游胜地各有千秋，尤其在稍具地学、生物学知识的旅游者看来，海螺沟更具有审美和科学的双重价值。这两沟的开发，有一点相同之处就是有科学家参加。两个著名风景区被发现的同时，生态保护就被提上了日程。1984年，当陈富斌教授等人有关提议被地方采纳之时，当地政府随之做出的一项决定是停止对贡嘎山风景区的森林采伐。就这一意义而言，说科学家是贡嘎山、九寨沟的守护神也许并不过分。

建立贡嘎山站的设想与旅游开发的思路共生，建站过程与风景区建设同步进行。可以说，最初建站是从配合海螺沟旅游资源开发的气象站开始起步的。气象站—综合观测试验站—高山生态系统观测试验站，贡嘎山站迅速成长起来，进入了中国生态系统研究网络，被纳入“攀登”计划青藏项目，作为三个野外定位站之一，正以独具的优势为青藏研究的深化发挥着积极的功能。

在基础科学研究领域，贡嘎山站的研究方向为：以高山多层次自然生态系统及其与人类活动的相互作用为主要内容，从环境的整体出发，多学科综合研究高山生态系统的生产力与调控原理、高山隆起与冰川消长及其对高山生态系统的影响，监测环境动态，预测大区域环境变化趋势，为合理利用山地资源与保护环境以及青藏高原和全球变化研究，提供科学依据与资料，并通过长期观测与研究积累，建立与发展山地学。联系生产实际，贡嘎山站置身于较晚开发的我国面积最大的国家级风景名胜区内，责无旁贷地承担着资源利用、环境保护、导游、防灾、农业综合开发等一系列生产任务。这一类特别使命，属于中国特色，在全世界那么多的高山站中，贡嘎山站是唯一承担这一角色的。

成都山地所的张文敬教授当年曾“蹦蹦跳跳”走过了西藏考察的险路，险些丧命在上贡嘎山主峰的途中。比他要年轻得多的一位同事、贡嘎山高山生态系统观测试验站副站长李伟，提到爬贡嘎山的经历也不由地感到后怕。他们都不是为探险而上山，而是用生命危险去换取科研数据。

科研经验丰富、已经出版了近十部山地科普书籍的张文敬说，贡嘎山是360度的“立体成像”，其内涵丰富，假以时日，如果在其东坡、西坡都能够有更多的经费投入，无论是对贡嘎山的整体科学考察和研究，还是旅游开发，水平都会有很大的提升。

贡嘎山的“雄起”，得益于亿万年地球的演变。如今，随着野外观测事业日益受到重视，这块高山生态与环境观测的宝地，正在同时经历一次科研的“雄起”。

参考文献

1.付廷顺、李兆庆:《中国矿藏大发现》,山东画报出版社2011年版。

2.徐旭生:《徐旭生西游日记》,宁夏人民出版社2000年版。

3.《【辉煌70年】包头记忆:白云鄂博铁矿的发现者——丁道衡》,《包头日报》2017年5月22日。

4.徐光宪:《稀土》(第二版),冶金工业出版社2017年版。

5.黄加佳:《西北科学考察团90周年:万里向西行》,《北京日报》2017年12月27日。

6.张九辰、徐凤先、李新伟:《"中国西北科学考查团"科学考察活动综合研究——中国西北科学考查团专论》,中国科学技术出版社2009年版。

7.窦学宏:《纪念〈绥远白云鄂博稀土类矿物的初步研究〉发表70周年——中国发现稀土第一人——何作霖》,《稀土信息》2005年第2期。

8.《深切缅怀"黄土之父"刘东生》,《科学网》2008年3月12日。

9.中国科学院、黄河中游水土保持综合考察队:《黄河中游第四纪地质调查报告》，科学出版社1962年版。

10. 刘东生：《黄河中游黄土》，科学出版社1964年版。

11. 刘东生等：《第四纪地质问题》，中国科学院地质研究所1964年。

12. 李丽云、吴春明：《刘东生的黄土研究和青藏高原考察》，《中国科学报》2014年2月10日第7版。

13. 刘东生著、刘东生口述、张佳静整理：《黄土情缘：刘东生口述自传》，湖南教育出版社2017年版。

14. 马丽华：《青藏苍茫——青藏高原科学考察50年》，生活·读书·新知三联书店1999年版。

15. 温瑾、孙鸿烈：《青藏高原科考访谈录》，湖南教育出版社2010年版。

16. 本书编委会：《踏遍神州情未了——中国科学院自然资源综合考察委员会科学考察回忆录》，科学出版社1999年版。

17. 孙鸿烈、郑度：《青藏高原的综合考察与科学研究》，《科技进步与学科发展——"科学技术面向新世纪"学术年会论文集》1998年。

18. 刘东生：《青藏高原科学考察五十年的启示》，《资源科学》2000年第3期。

19. 孙鸿烈：《青藏高原的形成演化》，上海科学技术出版社1996年版。

20. 翁庆章：《一次未公开的珠峰探险——1958年中苏联合登山队侦察组考察珠峰始末纪实》，中国文史出版社2017年版。

21. 中国珠穆朗玛峰登山队科学考察队：《珠穆朗玛峰地区科学考察报告》，科学出版社1962年版。

22.杨丽娟:《北凌绝顶——1960年中国首次登顶珠穆朗玛峰始末》,《中国青年报》2019年10月3日。

23.王明业、刘肇昌:《我国首次珠穆朗玛峰科学考察的回顾》,《山地研究》1988年第2期。

24.王明业:《我国高山科学考察史话》,《山地学报》1983年第1期。

25.杨逸畴:《中国的登山运动和高山科学考察》,《山地学报》1987年第5卷2期。

26.谢自楚等:《冰川学导论》,上海科学普及出版社2010年版。

27.刘时银等:《基于第二次冰川编目的中国冰川现状》,《地理学报》2015年第70卷第1期。

28.秦大河等:《冰冻圈科学概论》,科学出版社2018年版。

29.刘时银等:《中国冰川图鉴》,上海科学普及出版社2014年版。

30.施雅风等:《中国第四纪冰川与环境变化》,河北科学技术出版社2005年版。

31.施雅风等:《中国第四纪冰川新论》,上海科学普及出版社2011年版。

32.姚檀栋等:《青藏高原水—生态—人类活动考察研究揭示亚洲水塔的失衡及其各种潜在风险》,《科学通报》2019年第27期。

33.姚檀栋等:《青藏高原中部冰冻圈动态特征》,地质出版社2002年版。

34.陈维达:《走近三江源:中国三江源科学考察笔记》,中国工人出版社2011年版。

35.青海省测绘地理信息局:《三江源头科学考察地图集》,中国地图出版社2015年版。

36. 成海宁:《三江源头科学考察纪实》,《地图》2010年第1期。

37. 杨欣:《长江漂流》,四川人民出版社2009年版。

38. 萧维文:《长江漂流风云录》,四川人民出版社2007年版。

39. 萧维文:《档案——长江漂流全纪录》,四川人民出版社2012年版。

40. 唐邦兴、杜榕桓、康志成:《我国泥石流研究》,《地理学报》1980年第3期。

41. 刘潮海、蒲健辰:《施雅风手迹》,科学出版社2019年版。

42. 宁军:《施雅风与冰川的不解之缘》,《文史精华》2001年第11期。

43. 施雅风、唐邦兴、杜榕桓:《四川西昌附近铁路建设中的泥石流问题》,科学出版社1985年版。

44. 施雅风、李吉均:《80年代以来中国冰川学和第四纪冰川研究的新进展》,《冰川冻土》1994年第1期。

45. 施雅风:《回顾“泥石流”科学研究的开创与科学普及》,《冰川冻土》2010年第6期。

46. 张九辰、周玉凤:《勇敢者的事业》,《求知导刊》2014年第2期。

47. 高登义、周立波:《再探世界峡谷之最:中国科学院徒步穿越雅鲁藏布大峡谷》,《科学》1999年第3期。

48. 张文敬:《大峡谷探索之旅——寻觅雪线上的生命》,福建教育出版社2013年版。

49. 张文敬、高登义:《世界第一大峡谷——雅鲁藏布大峡谷科学考察新进展》,《山地学报》1999年第2期。

50. 杨逸畴:《神往大峡谷:从大发现到大穿越》,《科技潮》1999年第12期。

51.杨逸畴:《情系大峡谷领悟大峡谷:一个地理学家穿越大峡谷手记》,福建教育出版社2001年版。

52.孙鸿烈、刘东生、程国栋等:《对我国青藏高原研究的评述》,《中国科学院院刊》1997年第12期。

53.李炳元:《横断山区地貌区划》,《山地研究》1989年第1期。

54.李炳元:《横断山脉范围探讨》,《山地研究》1987年第2期。

55.张立权等:《中国山河全书》,青岛出版社2005年版。

56.张荣祖:《横断山区自然地理》,科学出版社1997年版。

57.吕儒仁、李德基:《青藏高原地表过程与地质构造基础》,四川科学技术出版社2015年版。

58.崔之久、张文敬、张赫嵩:《探索者的足迹——生死贡嘎山》,《大自然探索》2001年第3期。

59.中国科学院成都地理研究所:《贡嘎山地理考察》,科学技术文献出版社重庆分社1983年版。

60.钟祥浩、郑远昌:《贡嘎山地区垂直自然带初探》,科学技术文献出版社重庆分社1983年版。

61.刘照光等:《贡嘎山植被》,四川科学技术出版社1985年版。

62.苏珍 A.B.奥尔洛夫:《中苏联合贡嘎山冰川1990年考察简况》,《冰川冻土》1991年 第2期 。

63.王杰、潘保田、张国梁、崔航、曹泊、耿豪鹏:《贡嘎山东坡中更新世晚期以来冰川作用年代学研究》,《中国科学:地球科学》2012年第12期。

64.《林一山治江思想研究会会刊》2011年第一辑。

后记

经过近两年繁复辛苦的编撰写作工作，在历经几番曲折后，《山地情怀：科学家野外科考故事》终于付梓出版了。萦绕在我心头多时的紧张情绪虽渐渐平缓下来，但隐隐还有些许的遗憾和感触始终挥之不去，让我于忐忑中仍想在书后烦言一二，来表书中未达之意。

编撰这本书的初衷始于几年前，惊闻我在过往工作中采访的几位科技界的老先生陆续驾鹤西去，在悲痛之余回忆起他们的音容笑貌，仿佛历历在目，想起他们殷殷勉励之语，依稀言犹在耳。万分遗憾再也不能当面受教，将他们更多的故事和成就展现给后人了。

在我的身边，有很多科学家甘于贫穷、甘于寂寞、甘于奉献，将自己的一生全部献给了中国的科技事业。他们中有许多人并不为世人所知，但却在所从事的科学领域中披荆斩棘、成就非凡，高山仰止、风范永存！我现在所从事的地质科学领域就有许许多多这样的科学家。

初到山地所的时候，出于业务需要，我开始接触山地专业的学术研究以及野外考察工作，并对山地所的历史有了一定的了解和认识。每当我翻阅那些年代久远的学术专著和科学家的笔记，每每仿佛又置身于和那些老先生对话的场景，也让我萌生了想把他们的故事再次编写出版的冲动。

由于多年新闻采编工作的经历，我接触到了许多的科学家，他们的工作可能在世人的眼里是以过于枯燥的学术理论研究为主，殊不知他们的点滴成就的取得都是建立在实践考察和反复论证的基础上。这其中既有严谨的科学态度，更有着睿智豁达的人生感悟和生动有趣的生活经历。科学家也是普通人，也有七情六欲、喜怒哀乐，但他们都有一种精神，那就是科学家精神，“先天下之忧而忧、养浩然正气”，这才是他们一生真实的写照！虽然有些科学成果会因为时间推移成为过去，但是科学家们身上昂扬的科学求索精神，却总能直抵人心，薪火相传。

从大众视野来看，许多科学家的工作因为专业、神秘而鲜为人知。那么，怎样才能把这些科学家的故事写实、写好？我认为，就是要将他们身上科学报国的光荣传统，追求真理、勇攀高峰的科学精神，勇于创新、严谨求实的学术风气，记录下来，传扬出去，让一代又一代人铭记，激励更多人投身于科学报国的宏伟事业中去。

在中科院传播局、成都山地所的大力支持下，《山地情怀：科学家野外科考故事》被批准立题。在写作初期，围绕科学家野外考察故事这一主题，我倾注了大量的心血和辛苦工作，查阅了大量的资料和进行了针对性地学术问题考证。经过半年多的努力，终于确定了本书总体架构和写作主线。这个期间要特别感谢中科院成都山地所代丹、张坚的辛勤付出，感谢中科院青藏高原研究所的刘丽娜、王永杰、赵旺林等同志提供的图片，感谢马力贤（民盟四川新闻出版支部盟员）、李春峄（黑龙江省镜泊湖世界地质公园）在本书的选题策划、写作思路方面给予的宝贵意见。感谢我的小妹张艾琳（元森控股董事长、清华五道口金融EMBA山东同学会秘书长)。他们的鼎力相助，为本书的顺利编撰打下了坚实的基础。

本书初稿完成后，历经了多次的修订与重撰，主要是在故事的真实性和涉及学术问题的严谨论证方面得到了邓伟(国际欧亚院士、原中科院成都山地所所长)、我单位现任领导文安邦所长、罗晓梅书记等专家们大力支持和指导；群言出版社的谭伟主任，为本书的出版提供了大力支持和精心指导。特别感谢责任编辑老师，对本书提出的中肯和建设性意见，并对文中的一些疏漏进行了严谨和认真的考证和修正。在此一并深表感谢！

在这里，我要对为我写序的、我的两位领导刘洪海先生、杨曦沦先生说：我能有勇气做这件事，底气和自信就是来源于你们！因为有了你们，我的人生之路，才可以走得这样顺利！两位领导更是我的良师益友，深情厚意岂可用一句感谢来表达！

想对读者说，本书以新中国成立以后地质事业取得的重大成果为主线，摘取了十个有代表性的研究成就进行介绍。因为篇幅有限，不能全画卷来展现其中的方方面面，只叙述了主要的科学家考察经历和主要的学术成就。虽只能做重点人物的描写，但展现的却是一代代科学家群体在崇山峻岭、高原冰川、大漠风沙中，在最美的年华里，从无到有、从弱到强，披荆斩棘、砥砺前行，投身新中国地质事业伟大实践的感人故事。书中所讲述的很多科学家都已千古，很多故事和珍贵的记忆都已随他们远去。所以能在科学家们的有生之年，把他们的科学经历和故事乃至他们身上宝贵的精神传达给更多的读者，让后人不留遗憾，就是我的初衷所在！

《山地情怀：科学家野外科考故事》当初是按照系列丛书，分三个篇章进行策划，同时设计了每个章节的人物采访。后来因为一些客观原因，没有做到，深感遗憾！或许，在下一步的工作学习中，我会去完成最初的创作策划，弥补遗憾吧！

我还想说，在断断续续的写作时间里，一场突如其来的新冠肺炎疫情席卷全球，在这场关乎世界各国人民安危的抗疫战中，中国科学家们一如既往地秉承人类命运共同体的理念，积极为抗疫工作作出了自己卓越的贡献，这也是对中国科学家们薪火相传的探索创新精神和家国情怀最完美的诠释。

2021年5月10日于成都

图书在版编目（CIP）数据

山地情怀：科学家野外科考故事 / 包晓凤编著 .--
北京：群言出版社，2022.1
ISBN 978-7-5193-0668-7

Ⅰ. ①山… Ⅱ. ①包… Ⅲ. ①地质调查—野外作业—
中国 Ⅳ. ①P622

中国版本图书馆 CIP 数据核字（2021）第 193095 号

特约策划：张艾琳
特约编辑：刘丽娜　李春峄　张　坚
责任编辑：刘　波
封面设计：齐　晴

出版发行：群言出版社
地　　址：北京市东城区东厂胡同北巷1号（100006）
网　　址：www.qypublish.com（官网书城）
电子信箱：qunyancbs@126.com
联系电话：010-65267783　65263836
经　　销：全国新华书店

印　　刷：天津画中画印刷有限公司
版　　次：2022年1月第1版　2022年1月第1次印刷
开　　本：710mm × 1000mm　　1/16
印　　张：13.75
字　　数：154千字
书　　号：ISBN 978-7-5193-0668-7
定　　价：68.00元